中国地质调查成果 CGS 2021-073
中国地质调查局DD20190603项目科普成果

千姿百态的
翼龙世界

翼龙科普知识百问

QIANZI-BAITAI DE YILONG SHIJIE
YILONG KEPU ZHISHI BAI WEN

江苏省地质学会 编著

中国地质大学出版社
ZHONGGUO DIZHI DAXUE CHUBANSHE

图书在版编目(CIP)数据

千姿百态的翼龙世界:翼龙科普知识百问/江苏省地质学会编著. 一武汉:中国地质大学出版社,2021.12
ISBN 978 - 7 - 5625 - 5185 - 0

Ⅰ.①千…
Ⅱ.①江…
Ⅲ.①翼龙目-普及读物
Ⅳ.①Q915.864-49

中国版本图书馆CIP数据核字(2021)第250653号

千姿百态的翼龙世界
翼龙科普知识百问

江苏省地质学会　编著

责任编辑:胡珞兰	选题策划:胡珞兰　张　健	责任校对:徐蕾蕾

出版发行:中国地质大学出版社(武汉市洪山区鲁磨路388号)　　邮政编码:430074
电　　话:(027)67883511　　　传　　真:(027)67883580　　E-mail:cbb@cug.edu.cn
经　　销:全国新华书店　　　　　　　　　　　　　　　　　　http://cugp.cug.edu.cn
开本:787毫米×1092毫米　1/16　　　　　　　　　　　　　　字数:192千字　印张:12.5
版次:2021年12月第1版　　　　　　　　　　　　　　　　　　印次:2021年12第1次印刷
印刷:湖北新华印务有限公司　　　　　　　　　　　　　　　　印数:1—4000册
ISBN 978-7-5625-5185-0　　　　　　　　　　　　　　　　　　　　　　　　定价:48.00元

如有印装质量问题请与印刷厂联系调换

《千姿百态的翼龙世界：翼龙科普知识百问》

编委会

主　任：孔海燕

副主任：祖耀升　倪红升　黄克蓉

编　委：

詹庚申　章其华　陈彦瑾　赵　栋

姜耀宇　黄　倩　赵　倩　李　季

编著者：

钱迈平　马　雪　段　政　陈　荣

张　翔　所颖萍

前 言

  在中生代时期，距今2亿2800万年到6500万年的时间段，地球上曾活跃着一大群奇特的动物——翼龙，它们是最先实现动力飞行而不是滑翔飞行的脊椎动物，在地球上自由地起飞、降落1亿6300万年之久。今天的科学家们根据翼龙的化石和保存这些化石的岩石地层，通过各种地质科学研究手段，探寻它们当时的形态特征、生活习性和所处的生态环境。经过一个多世纪的翼龙化石收集和研究，科学家们逐步揭开了这些神奇动物的层层面纱。本书以图文并茂、有问有答的形式向读者介绍有关翼龙的科普知识。

CONTENTS 目 录

1. 什么是翼龙？ …………………………………………001
2. 翼龙为什么能飞？ ……………………………………001
3. 翼龙为什么被称为"翼龙"？ …………………………002
4. 翼龙有多少种？ ………………………………………003
5. 颞颥孔是什么？ ………………………………………003
6. 翼龙是如何分类的？ …………………………………004
7. 翼龙生活的时代距今究竟有多久远？ ………………005
8. 在翼龙出现之前，地球历史经历了哪些地质时代？ …006
9. 翼龙生活的中生代是怎样的一个时代？ ……………011
10. 为什么说翼龙不是恐龙？ ……………………………013
11. 翼龙是最早实现动力飞行的动物吗？ ………………013
12. 翼龙的翅膀与昆虫、鸟类及蝙蝠的翅膀有什么不同？ …014
13. 谁是翼龙的祖先？ ……………………………………016
14. 兔蜥类是怎样的一类爬行动物？ ……………………016
15. 兔蜥是怎样的一种爬行动物？ ………………………017
16. 猎虫蜥是怎样的一种爬行动物？ ……………………018
17. 跃蜥是怎样的一种爬行动物？ ………………………019
18. 奔蜥是怎样的一种爬行动物？ ………………………019

I

19. 翼龙是最古老的飞行爬行动物吗? …………………………021
20. 翼龙与其他皮膜翼飞行爬行动物在演化上有什么不同? ………022
21. 飞蜥是怎样的一种飞行爬行动物? ………………………023
22. 翔龙是怎样的一种飞行爬行动物? ………………………025
23. 孔耐蜥是怎样的一种飞行爬行动物? ………………………026
24. 伊卡洛斯蜥是怎样的一种飞行爬行动物? …………………027
25. 长颈蜥是怎样的一种飞行爬行动物? ………………………028
26. 沙洛夫龙是怎样的一种飞行爬行动物? ……………………030
27. 谁是最古老的翼龙? ……………………………………032
28. 沛温翼龙是怎样的一种翼龙? ……………………………032
29. 卡尔尼亚翼龙是怎样的一种翼龙? …………………………034
30. 真双型齿翼龙类是怎样的一类翼龙? ………………………035
31. 真双型齿翼龙是怎样的一种翼龙? …………………………035
32. 空枝翼龙属是怎样的一种翼龙? ……………………………037
33. 拉埃提翼龙是怎样的一种翼龙? ……………………………038
34. 谁是最先被发现的翼龙? ……………………………………040
35. 谁第一个发现了翼龙? ………………………………………042
36. 双型齿翼龙是怎样的一种翼龙? ……………………………043
37. 双型齿翼龙与真双型齿翼龙有什么区别? …………………046
38. 谁是最古老的双型齿类翼龙? ………………………………047
39. 谁是最古老的翼手龙类翼龙? ………………………………048
40. 谁是在中国首次被发现的翼龙? ……………………………050
41. 准噶尔翼龙是怎样的一种翼龙? ……………………………051
42. 翼龙是迄今为止最大的飞行动物吗? ………………………053

43. 谁是最大的翼龙？……055
44. 风神翼龙是怎样的一种翼龙？……056
45. 哈特兹哥翼龙是怎样的一种翼龙？……058
46. 阿拉姆伯格翼龙是怎样的一种翼龙？……058
47. 北风冰龙是怎样的一种翼龙？……060
48. "巨大蒙古翼龙"是怎样的一种翼龙？……061
49. 谁是中国最大的翼龙？……062
50. 巨型翼龙飞行能力有多强？……063
51. 为什么有的翼龙翅膀长而窄，而有的翼龙翅膀短而宽？……064
52. 谁是最小的翼龙？……065
53. 北极翼龙是怎样的一种翼龙？……065
54. 隐居树林翼龙是怎样的一种翼龙？……067
55. 中国翼龙是怎样的一种翼龙？……068
56. 华夏翼龙是怎样的一种翼龙？……070
57. 阿尔特米尔翼龙是怎样的一种翼龙？……071
58. 德国翼手龙是怎样的一种翼龙？……073
59. 蛙嘴翼龙类是怎样的一类翼龙？……075
60. 中华大眼翼龙是怎样的一种翼龙？……075
61. 热河翼龙是怎样的一种翼龙？……078
62. 蛙颌翼龙是怎样的一种翼龙？……079
63. 蛙嘴翼龙是怎样的一种翼龙？……081
64. 树翼龙是怎样的一种翼龙？……082
65. 翼龙身上都长着毛吗？……085
66. 恶鬼翼龙是怎样的一种翼龙？……088

67. 长尾巴短脖子翼龙除了真双型齿翼龙和双型齿翼龙外,还有哪些具代表性的翼龙? ……091
68. 喙嘴龙是怎样的一种翼龙? ……091
69. 布尔诺美丽翼龙是怎样的一种翼龙? ……093
70. 掘颌龙是怎样的一种翼龙? ……095
71. 矛颌翼龙是怎样的一种翼龙? ……096
72. 抓颌龙是怎样的一种翼龙? ……098
73. 天霸翼龙是怎样的一种翼龙? ……100
74. 狭鼻翼龙是怎样的一种翼龙? ……101
75. 丝绸翼龙是怎样的一种翼龙? ……102
76. 曲颌形翼龙是怎样的一种翼龙? ……102
77. 奥地利翼龙是怎样的一种翼龙? ……105
78. 奥地利龙是怎样的一种翼龙? ……106
79. 希莎翼龙是怎样的一种翼龙? ……107
80. 长尾巴短脖子翼龙与短尾巴长脖子翼龙之间是什么关系? ……109
81. 翼手龙类从非翼手龙类中演化出来时,有过渡类型吗? ……109
82. 悟空翼龙是怎样的一种翼龙? ……110
83. 达尔文翼龙是怎样的一种翼龙? ……112
84. 鲲鹏翼龙是怎样的一种翼龙? ……114
85. 尖头翼龙是怎样的一种翼龙? ……117
86. 斗战翼龙是怎样的一种翼龙? ……118
87. 翼龙的演化趋势是大型化吗? ……120
88. 捻船头翼龙是怎样的一种翼龙? ……120
89. 辽宁翼龙是怎样的一种翼龙? ……122

90. 塞阿腊翼龙是怎样的一种翼龙？……………………………… 123

91. 安卡翼龙是怎样的一种翼龙？……………………………… 125

92. 妖精翼龙是怎样的一种翼龙？……………………………… 126

93. 无齿翼龙是怎样的一种翼龙？……………………………… 128

94. 乔斯腾伯格翼龙是怎样的一种翼龙？……………………… 130

95. 神龙翼龙是怎样的一种翼龙？……………………………… 133

96. 脊颌翼龙是怎样的一种翼龙？……………………………… 134

97. 翼龙的冠有什么用？………………………………………… 135

98. 古神翼龙是怎样的一种翼龙？……………………………… 135

99. 雷神翼龙是怎样的一种翼龙？……………………………… 137

100. 美神翼龙是怎样的一种翼龙？……………………………… 139

101. 掠海翼龙是怎样的一种翼龙？……………………………… 140

102. 凯瓦翼龙是怎样的一种翼龙？……………………………… 141

103. 夜翼龙是怎样的一种翼龙？………………………………… 143

104. 为什么翼龙的嘴千奇百怪？………………………………… 145

105. 为什么说猎手鬼龙是捕鱼能手？…………………………… 146

106. 为什么说阿凡达伊克兰翼龙的下巴有个口袋？…………… 148

107. 为什么说南翼龙的牙齿最多？……………………………… 150

108. 为什么说浙江翼龙是以啄食吞咽方式吃东西？…………… 152

109. 翼龙怎么行走？……………………………………………… 153

110. 翼龙是群居动物吗？………………………………………… 154

111. 湖翼龙是怎样的一种翼龙？………………………………… 155

112. 翼龙蛋和胚胎是什么样的？………………………………… 156

113. 郝氏翼龙是怎样的一种翼龙？……………………………… 160

114. 哈密翼龙是怎样的一种翼龙？ ……………………………161

115. 翼龙会凫水和潜水吗？ ……………………………………163

116. 翼龙有天敌吗？ ……………………………………………165

117. 什么是化石特异埋藏地点？ ………………………………170

118. 盛极一时的翼龙是怎么绝灭的？ …………………………173

119. 小行星撞击地球的概率有多大？如果真的要撞过来怎么办？ ………178

120. 翼龙能通过克隆再次复活吗？ ……………………………181

结束语 ……………………………………………………………182

主要参考文献 ……………………………………………………183

1. 什么是翼龙？

翼龙是中生代繁盛一时的飞行爬行动物，也是第一种具备飞行能力的脊椎动物，它们比鸟类和蝙蝠更早实现动力飞行，而不是滑翔飞行（图1）。

图1 翱翔在中生代天空的翼龙
（Image Credit：utahpeoplespost.com）

2. 翼龙为什么能飞？

翼龙能够飞起来，是生物演化的结果。对于那些为适应飞行而进行的演化，可从它们的化石中看到：

（1）骨骼纤细、中空多孔，并充满空气，以减轻质量。

（2）手指第5指退化；第4指大幅度延长，没有爪，附着于由皮肤、肌肉及其他软组织构成的皮膜翼；第1、2、3指有爪，能抓握。皮膜翼沿第4指、身体两侧延伸到双腿，形成左、右两个宽大的主翼面。

(3)胸骨有龙骨突,上臂骨有三角嵴,都可附着特别发达的飞行肌,能扇动双翼飞行。

(4)左、右手腕前部各发育1个翅骨,各支撑一个小的前翼面,飞行时翅骨可动,调节前翼面,控制机动飞行。

由此可见,它们不但能扇动双翼实现动力飞行,而且能随时减速、转弯、上升、下降进行机动飞行。

3. 翼龙为什么被称为"翼龙"?

翼龙是一类能飞行的中生代爬行动物,在科学界通用的学名是Pterosauria,取自希腊文,意思是"有翼的蜥蜴",由法国动物学家乔治斯·居维叶(Georges Cuvier,图2)根据翼龙具有双翼的特征,于1809年首创命名。

图2 翼龙的命名者——法国动物学家乔治斯·居维叶
(Image Credit: fineartamerica.com)

4. 翼龙有多少种？

目前，全世界发现并命名的翼龙已超过150种，新的种类仍在不断被发现（图3）。

翼龙千姿百态，大的翼展超过10m，小的不足25cm。有的吃荤，如捕食鱼类、昆虫及其他动物；有的吃素，如啃食植物果实；有的荤素都吃，是杂食动物。翼龙身上长着各色绒毛，有的头上还长着大小不一、奇形怪状、色彩鲜艳的冠。

图3 千姿百态的翼龙
（Image Credit：walmartimages.com）

5. 颞颥孔是什么？

颞颥孔（temporal fenestrae）是头骨眼眶后面的颅顶附加孔，一般为咬合肌附着位置（图4）。

龟鳖没有颞颥孔，所以归入无孔类（Anapsid）。

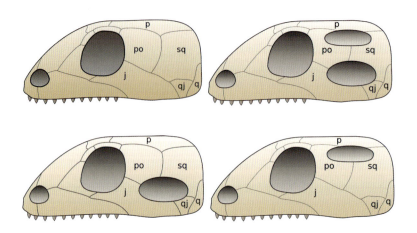

图4　无孔类（上左）、双孔类（上右）、单孔类（下左）及调孔类（下右）头骨示意图
（Image Credit：en.wikipedia.org）
j.颧骨（jugal）；p.顶骨（parietal）；po.眶后骨（postorbital）；q.方骨（quadrate）；
qj.方轭骨（quadratojugal）；sq.鳞骨（squamosal）

恐龙、翼龙、蜥蜴、蛇、鳄和鸟都有上下两对颞颥孔，属于双孔类（Diapsid）。

类哺乳爬行动物及由其进化而成的哺乳动物只有一对颞颥孔，即左、右太阳穴，属于单孔类（Synapsid），也是羊膜动物，可在干燥的环境生育后代。

鱼龙等海生爬行动物头骨有一对上颞颥孔，但缺少下颞颥孔，属于调孔类（Euryapsid）。

6. 翼龙是如何分类的？

翼龙在系统分类上，属于动物界（Animal），脊索动物门（Chordata），脊椎动物亚门（Vertebrata），爬行动物纲（Reptilia），初龙亚纲（Archosauria），翼龙目（Pterosauria）。翼龙以前分为两个亚目。

喙嘴龙亚目（Rhamphorhynchoidea）：长尾巴，短脖子，翅膀较短，上下颌都有牙齿，鼻孔和眶前孔未合并，第5脚趾长，如喙嘴龙（*Rhamphorhynchus*）。

翼手龙亚目（Pterodactyloidea）：短尾巴，长脖子，翅膀较长，牙齿趋向退化，鼻孔和眶前孔合并成鼻眶前孔，第5脚趾退化，如翼手龙（*Pterodactylus*）。

但后来的研究发现,只有翼手龙亚目是由一个祖先及其所有后裔组成的一个自然类群,而喙嘴龙亚目实际上是包括了翼龙目所有基干类群的"大杂烩",并不是一个自然类群,这不符合科学分类。因此,现在科学界已废弃"喙嘴龙亚目"这个名称,而采用"非翼手龙类(Non-pterodactyloid)"取而代之。根据目前的化石记录,约2亿2800万年前的晚三叠世,非翼手龙类已出现,而直到约1亿6270万年前的晚侏罗世,翼手龙类才从非翼手龙类中演化出来,因此翼手龙类与非翼手龙类并不是两个平行演化的亚目。

图5 喙嘴龙(左)和翼手龙(右)
(Image Credit: livescience.com, seonegativo.com)

7. 翼龙生活的时代距今究竟有多久远?

根据目前的化石记录,翼龙生存在约2亿2800万~6500万年前,比出现于2亿3000万年前的恐龙稍微晚一些,与恐龙基本上生活在同一时期,也几乎同时在白垩纪末期大绝灭事件中灭亡,在地球上至少生活了约1亿6300万年之久。

8. 在翼龙出现之前,地球历史经历了哪些地质时代?

翼龙生活的三叠纪、侏罗纪和白垩纪,是地球历史上的中生代时期。那么,在翼龙出现之前,地球历史经历了哪些地质时代呢?

根据国际地层委员会2015年1月公布的国际年代地层表(International Stratigraphic Chart v 2015/01),将地球从约46亿年前诞生以来的历史,按生命演化的不同阶段,划分为冥古宙、太古宙、元古宙、古生代、中生代和新生代6个时期。

其中,冥古宙(距今46亿~40亿年)和太古宙(距今40亿~25亿年)是地球生命孕育萌发的时期(图6)。已知最古老的化石记录包括①西澳大利亚杰克山距今约41亿年的锆石

图6 距今约46亿年的地球形成初期
(Image Credit:si-cdn.com)
它灼热的表面还没完全冷却,岩浆遍地横流,陨石狂轰滥炸,到处笼罩着强烈的宇宙辐射,此起彼伏的火山喷发释放出的二氧化硫、二氧化碳和水蒸气等气体为地球生命的诞生准备了必要的物质基础

中保存的有机化合物；②西格陵兰岛伊苏阿距今约37亿年的变质沉积岩中保存的生物代谢形成的有机石墨；③格陵兰岛西南角沿海的伊苏阿地区距今约37亿年的微生物席构成的叠层石（图7）；④美国蒙大拿冰川国家公园距今约35亿年的叠层石灰岩中保存的蓝细菌化石等。

图7 太古宙是地球生命诞生和初步发展的时代
（Image Credit：nature.com）
由蓝细菌等微生物形成的一种具有隆起的纹层状生物沉积构造——叠层石，是直接可用肉眼看得见的最古老化石，如2016年发现于格陵兰岛伊苏阿地区约37亿年前的叠层石化石

元古宙（距今25亿～5亿4100万年）是地球生命由原核向真核，由微体（用显微镜才能看到）向宏体（直接用肉眼就可看到），由单细胞向多细胞演化的关键时期（图8、图9）。其中包括10个纪：成铁纪（距今25亿～23亿年）、层侵纪（距今23亿～20亿5000万年）、造山纪（距今20亿5000万～18亿年）、固结纪（距今18亿～16亿年）、盖层纪（距今16亿～14亿年）、延展纪（距今14亿～12亿年）、狭带纪（距今12亿～10亿年）、拉伸纪（距今10亿～7亿2000万年）、成冰纪（距今7亿2000万～6亿3500万年）和埃迪卡拉纪（距今6亿3500万～5亿4100万年）。

图8 元古宙是细菌、蓝细菌和藻类的时代
(Image Credit：bbc.com)
蓝细菌建造的叠层石遍布浅水区域,同时地衣和蓝细菌席开始出现在陆地。
数量巨大的蓝细菌和藻类进行光合作用,不断向地球大气圈释放氧气,最终将无氧大气圈
改造成有氧大气圈,为更高等的生命演化奠定了基础

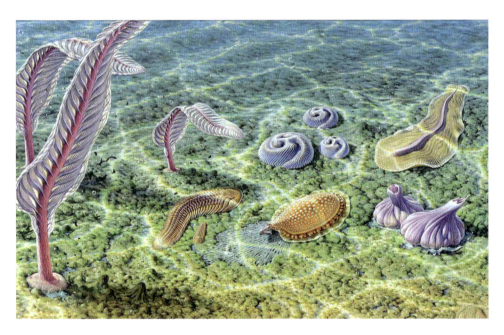

图9 距今5亿7000多万年的元古宙末期
(Image Credit：researchgate.net)
出现埃迪卡拉生物群。它的特点是动物身体柔软,结构简单,没有硬骨骼

古生代（距今5亿4100万~2亿5190万年）是地球海洋生物爆发性演化发展,并逐步向陆地扩展的时代（图10~图12）。其中包括6个纪:寒武纪（距今5亿4100万~4亿8540万年）、奥陶纪（距今4亿8540万~4亿4380万年）、志留纪（距今4亿4380万~4亿1920万年）、泥盆纪（距今4亿1920万~3亿5890万年）、石炭纪（距今3亿5890万~2亿9890万年）和二叠纪（距今2亿9890万~2亿5190万年）。2亿5000多万年前,二叠纪末的大绝灭事件,导致地球上96%的海洋物种和70%的陆地脊椎动物灭绝,是地球历史上迄今为止最惨烈的大绝灭事件！古生代的三叶虫、四射珊瑚、横板珊瑚及蜓类、有孔虫彻底绝灭,其他生物类群都遭受不同程度的打击,至此古生代宣告结束。

图10 古生代早期
(Image Credit：fineartamerica.com)
尽管地球的陆地上除了零星分布的地衣和藻席外,仍是一片荒芜,但海洋里却已是生机盎然,海洋无脊椎动物成为那个时代的标志,其中,最重大的生命演化事件是寒武纪生命大爆发。在距今5亿3000万~5亿1500万年的时间段,门类众多的节肢动物、软体动物、腕足动物、环节动物和脊索动物等,几乎不约而同地"突然"出现！这些动物身体结构复杂,演化出各种外壳、脊椎、牙齿、螯肢等硬骨骼构造

图11 古生代中期
(Image Credit: newsomart.com)
是地球生物从水生向陆生拓展的重要阶段,陆地上开始出现大型植物。
瞧!这是距今约3亿6000万年的泥盆纪晚期沼泽湿地丛林

图12 古生代晚期
(Image Credit: newsomart.com)
蕨类植物日趋完善并迅速扩展,形成大片森林。裸子植物
和昆虫的祖先也陆续出现,两栖动物达到全盛,爬行动物首次大量繁盛

9. 翼龙生活的中生代是怎样的一个时代？

中生代（距今2亿5217万～6500万年）包括三叠纪（距今2亿5217万～2亿零130万年）、侏罗纪（距今约2亿零130万～1亿4500万年）和白垩纪（距今1亿4500万～6500万年）。它是爬行动物和裸子植物繁盛的时代（图13）。

图13　中生代是爬行动物和裸子植物繁盛的时代
（Image Credit：pholder.com）

三叠纪晚期，是翼龙初现和早期演化时期。这个时期地球的各个陆地板块在地质构造运动作用下已拼合成一块巨大的陆地，地质学家称之为泛大陆（Pangaea）（图14、图15）。翼龙动物群在这个泛大陆上繁衍、迁徙和扩展，演化分异出一些新的种群。

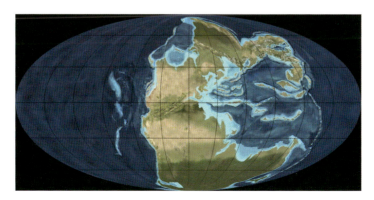

图14　三叠纪中期（2亿4000万年前）的古地理图
（Image Credit：Courtesy Ron Blakey，NAU Geology）

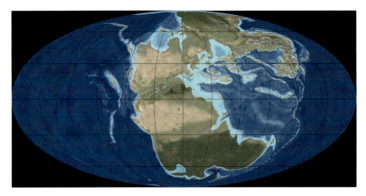

图15　三叠纪晚期（2亿2000万年前）的古地理图
(Image Credit：Courtesy Ron Blakey, NAU Geology)

侏罗纪至白垩纪，泛大陆逐渐分裂漂移，最终形成今天的亚洲、欧洲、非洲、北美洲、南美洲、大洋洲和南极洲（图16、图17、图18）。随着泛大陆分裂成几个大陆，生活在各大陆的翼龙相互隔离。为适应不同的地理、气候和生态环境，它们又各自演化分异出形形色色、差异巨大的新物种。由此，翼龙进入了繁荣的鼎盛时期，直到在白垩纪末"突然"绝灭。

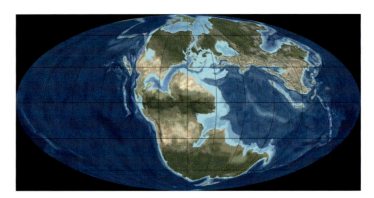

图16　侏罗纪中期（1亿7000万年前）的古地理图
(Image Credit：Courtesy Ron Blakey, NAU Geology)

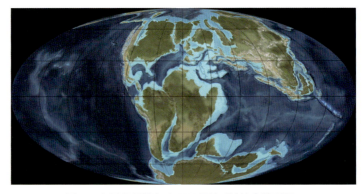

图17　白垩纪早期（1亿2000万年前）的古地理图
(Image Credit：Courtesy Ron Blakey, NAU Geology)

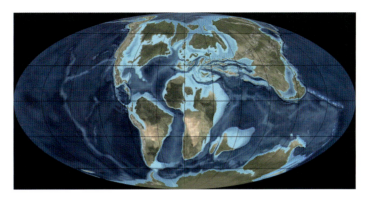

图18　白垩纪晚期(9400万年前)的古地理图
(Image Credit: Courtesy Ron Blakey, NAU Geology)

10. 为什么说翼龙不是恐龙?

翼龙和恐龙都生活在中生代,而且都称为"龙",在生物学系统分类上,也都属于爬行动物纲(Reptilia),双孔类(Diapsid),但却属于不同的演化支(Clade),从外形到生活习性都有很大差异。翼龙为适应飞行,骨骼演化得非常纤细轻巧,并发育了与鸟类相似的具有龙骨突的胸骨和具有三角嵴的上臂骨,用于附着发达的飞行肌肉,前肢和极度延长的第4指骨,以及体侧之间衍生出的宽大皮膜飞行翼,与恐龙在系统分类上完全不同。

11. 翼龙是最早实现动力飞行的动物吗?

不是。

最早实现动力飞行的动物类群是昆虫。早在3亿5000万年前的早石炭世,就有昆虫通过扇动薄膜状翅膀实现了动力飞行。随着地球植物空前繁茂,大气含氧量大幅度增加,昆虫趋向巨型化,到3亿1700万年前的晚石炭世,演化出翼展达75cm的巨脉蜻蜓(Meganeura),这也许是有史以来最大的飞行昆虫(图19)。

翼龙是第2个实现动力飞行的动物类群,在2亿2800万年前的晚三叠世就已出现。

鸟类是第3个实现动力飞行的动物类群,在1亿6000万年前的晚侏罗世就已出现。

蝙蝠是第4个实现动力飞行的动物类群,出现于6000万年前的古新世。

图19　翼展可达75cm的巨脉蜻蜓在3亿多年前的沼泽湿地
超低空飞行,捕食小昆虫及小型两栖动物
(Image Credit:mindrevolt.org)

12. 翼龙的翅膀与昆虫、鸟类及蝙蝠的翅膀有什么不同?

关于这个问题,只要看动力飞行动物的翅膀构造对比图(图20)就明白了。

(1)昆虫的翅膀是由网格及条纹状的脉(浅棕色)与薄膜(浅蓝色)构成的薄膜翼,可通过变化扇动频率及角度,实现动力飞行和机动飞行。

(2)翼龙的翅膀是由皮肤、肌肉及其他软组织构成的宽大皮膜翼(深蓝色),附着在粗壮的上臂(紫色骨骼)、下臂(浅紫色骨骼),大大延长的手掌(橘红色骨骼)及大幅度延长的第4手指(橘黄色骨骼)上,向后沿体侧延伸到腿上。扇动皮膜翼,可实现动力飞行。另外,手腕(红色骨骼)前部发育1个翅骨(绿色骨骼),与肩膀之间附着有小皮膜,可通过活动翅骨调节小皮膜角度,控制机动飞行。

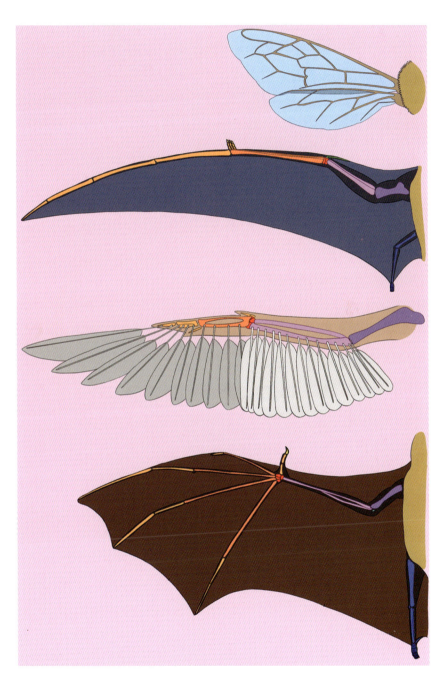

图20 动力飞行动物的翅膀构造对比图
(Image Credit: obscuredinosaurfacts.com)
(自上而下分别为昆虫、翼龙、鸟和蝙蝠)

(3)鸟的翅膀是由一列长而大的飞行羽毛构成的羽翼。飞行羽毛也称为飞羽或正羽，附着在下臂（浅紫色骨骼）、手掌（橘红色骨骼）和手指（橘黄色骨骼）上。为适应飞行演化，下臂骨和手掌骨延长，第2、3手指骨融合。附着在下臂上的是次级飞羽（白色），附着在手掌和手指上是初级飞羽（灰色）。扇动羽翼，可实现动力飞行。另外，手腕部（红色骨骼）的第1手指（橘黄色骨骼）附着一组小翼羽，活动拇指可调节小翼羽角度，控制机动飞行。

(4)蝙蝠的翅膀是由延长的下臂（浅紫色骨骼），延长的第2、3、4、5手掌骨（橘红色）和手指骨（橘黄色）支撑宽大的皮膜翼（深棕色）构成。另外，拇指与肩膀之间也有皮膜（深棕色）。扇动翅膀进行动力飞行时，可通过活动手指调节皮膜翼的形状和角度控制机动飞行。

13. 谁是翼龙的祖先？

科学家们一直在努力寻找翼龙的祖先，但至今仍没有找到。

根据化石记录显示的演化规律，翼龙的祖先应该是比2亿2800万年前更古老、体形娇小、骨骼轻巧、动作敏捷、善于跳跃的陆地爬行动物。最近10多年的研究认为，三叠纪的兔蜥类（Lagerpetids）在亲缘关系上可能最接近翼龙的祖先。

14. 兔蜥类是怎样的一类爬行动物？

兔蜥类是一类生活在2亿3700万～2亿1190万年前的陆地小型爬行动物，通常身长不足1m。目前，古生物学家们还不能确定它们是四条腿走路，还是两条腿走路。最新的研究认为，它们的前爪很可能具有除走路之外的功能，如攀爬或捕捉猎物。它们的后腿细长，善于奔跑、跳跃（图21）。

科学家们通过计算机X射线断层扫描（Computed Tomography，CT）发现，兔蜥类有许多特征与翼龙相似，如高度弯曲的内耳通道、脑后明显隆起的绒球体、细长肢骨、较小骨盆、融合的踝骨等。兔蜥类的内耳和大脑构造显示它们具有很强的空间平衡感，与飞行动物的特征一致。尽管它们并不能飞行，但这些特征体现了它们在演化上与翼龙的祖先接近。

兔蜥类在古生物学系统分类上属于兔蜥科（Lagerpetidae），已发现4个属：兔蜥（*Lagerpeton*）、猎虫蜥（*Kongonaphon*）、跃蜥（*Ixalerpeton*）和奔蜥（*Dromomeron*）。

图21 兔蜥类正在捕猎小飞虫
(Image Credit：narvii.com)

15. 兔蜥是怎样的一种爬行动物？

兔蜥是一种小型陆地爬行动物，生活在2亿3600万～2亿3400万年前的晚三叠世早期，今天的阿根廷。目前仅发现查尼亚尔兔蜥（*Lagerpeton chanarensis*）1个种，于1971年描述和命名。它的体形纤秀，身长约70cm，体重不足4kg（图22）。

图22 查尼亚尔兔蜥
(Image Credit：nocookie.net)

16. 猎虫蜥是怎样的一种爬行动物？

猎虫蜥是一种体形很小的陆地爬行动物，生活在约2亿3700万年前的中三叠世末期至晚三叠世早期，今天的马达加斯加。目前只发现凯利猎虫蜥（*Kongonaphon kely*）1个种，于2020年描述和命名。它的身长约40cm，身高约10cm，小钉子状牙齿适合捕食小虫（图23）。

图23 小巧玲珑的凯利猎虫蜥
（Image Credit: sci-news.com）

17. 跃蜥是怎样的一种爬行动物？

跃蜥是一种小型陆地爬行动物，生活在2亿3300万年前的晚三叠世早期，今天的巴西。目前只发现波莱西内跃蜥（*Ixalerpeton polesinensis*）1个种，于2016年描述和命名。它的身长约60cm，生活在森林里，善于在树木之间跳来跳去（图24）。

图24　攀伏在森林树干上的波莱西内跃蜥正准备跃起捕食一只小飞虫
（Image Credit：syfy.com）

18. 奔蜥是怎样的一种爬行动物？

奔蜥是一种小型陆地爬行动物，生活在2亿2150万~2亿零560万年前的晚三叠世，今天的美国和阿根廷。目前已发现3个种：罗莫氏奔蜥（*Dromomeron romeri*），于2007年描述和命名；格里高利氏奔蜥（*Dromomeron gregorii*），于2009年描述和命名；大奔蜥（*Dromomeron gigas*），于2016年描述和命名。奔蜥身长约1m，小腿细长，善于奔跑、跳跃（图25）。

图25 奔蜥正在捕猎小飞虫
（Image Credit：obscuredinosaurfacts.com）

19. 翼龙是最古老的飞行爬行动物吗？

不是。

目前已知最古老的飞行爬行动物是腔骨蜥（*Coelurosauravus*），生活在2亿6040万～2亿5100万年前的晚二叠世。在系统分类上，属于爬行动物纲（Reptilia），韦格替蜥科（Weigeltisauridae）。目前已收集10多件化石标本，分2个种：艾利弗腔骨蜥（*Coelurosauravus elivensis*），发现于马达加斯加，于1926年首次描述和命名；叶格尔氏腔骨蜥（*Coelurosauravus jaekeli*），发现于德国和英国，于1930年首次描述和命名。其中，叶格尔氏腔骨蜥化石保存较好（图26），平均身长约40cm，头骨前部尖、后部宽，有锯齿状边缘的头饰，身体扁平，两侧各长出一束长长的条状杆，支撑一对宽大的折扇状皮膜翼。它的条状杆并不像许多飞行蜥蜴那样是由肋骨延长形成，而是皮肤衍生的，爬行时折叠在体侧，滑翔时展开（图27）。

图26　叶格尔氏腔骨蜥化石
（Image Credit：geoforum.fr）

图27 腔骨蜥展开皮膜翼滑翔
(Image Credit：geoforum.fr)

20. 翼龙与其他皮膜翼飞行爬行动物在演化上有什么不同？

翼龙获得飞行能力的演化途径是：①骨骼纤细、中空多孔，减轻质量；②延长前肢，特别大大延长第4手指；③由皮肤、肌肉及其他软组织构成的皮膜翼，沿两个前肢的第4指至身体两侧延伸到双腿，形成一对翼面宽大且收放自如的翅膀；④缩短躯干，重心前移到两个翅膀之间，身体结构非常紧凑；⑤胸骨发育龙骨突，上臂骨发育三角嵴，以便附着发达的飞行肌肉，扇动双翼，可进行长距离动力飞行(图28)。

其他皮膜翼飞行爬行动物，除了骨骼纤细、中空多孔与翼龙相同外，走了完全不同的演化途径：①身体两侧皮肤各长出一束长长的条状构造，支撑一对可折叠的扇子状宽大皮膜翼，如腔骨蜥(*Coelurosauravus*)；②身体两侧肋骨大大延长，伸出支撑一对可折叠的宽大皮膜翼，如飞蜥(*Draco*)、翔龙(*Xianglong*)、孔耐蜥(*Kuehneosaurus*)、伊卡洛斯蜥(*Icarosaurus*)和长颈蜥(*Mecistotrachelos*)；③延长后肢，支撑一对可折叠的宽大皮膜翼，如沙洛夫龙(*Sharovipteryx*)。

这些飞行爬行动物虽然实现了飞行,但因没有演化出专门的骨骼构造附着发达的飞行肌肉,所以无法进行长距离动力飞行。它们只能先攀爬到高处,再跃起进行短距离滑翔飞行,不能从低处飞向高处。

图28 翼龙有发达的飞行肌肉,能进行长距离动力飞行
(Image Credit: mohamadhaghani.com)

21. 飞蜥是怎样的一种飞行爬行动物?

飞蜥是一种现代小型飞行蜥蜴,身长15～25cm,头部有发达的喉囊和三角形颈侧囊,体侧有5～7对肋骨延长伸出支撑皮膜翼,不同种类的皮膜翼与喉囊斑纹色彩不同。飞蜥在系统分类上,属于爬行动物纲(Reptilia),有鳞目(Squamata),蜥蜴亚目(Lacertilia),鬣蜥科(Agamidae),飞蜥属(*Draco*)。目前已发现41个种,主要分布在南亚和东南亚热带、亚热带雨林。栖息在中国的有裸耳飞蜥(*Draco blanfordii*)和斑飞蜥(*Draco maculatus*)两种,分布在云南、西藏、广西和海南海拔700～1500m的森林中。

飞蜥常在树上活动,很少到地面上。在树上爬行时,皮膜翼折叠在体侧(图29);在林间滑翔时,皮膜翼向外展开(图30)。滑翔时,可通过摆动尾巴或调整皮膜翼角度,保持稳定性和机动性,可改变方向,但不能从低处飞向高处。以昆虫为食,在地洞或树洞内产卵,每次产2～5枚。

图29　飞蜥在树上爬行时,皮膜翼折叠在体侧
（Image Credit：wuensche.name）

图30　飞蜥在森林里滑翔时,皮膜翼向外展开
（Image Credit：wykop.pl）

22. 翔龙是怎样的一种飞行爬行动物？

翔龙是一种早白垩世小型飞行蜥蜴，生活在1亿2770万～1亿1490万年前，今天的中国辽宁省西部。在系统分类上，属于爬行动物纲(Reptilia)，有鳞目(Squamata)，蜥蜴亚目(Lacertilia)，鬣蜥下目(Iguania)，翔龙属(*Xianglong*)。目前仅发现赵氏翔龙(*Xianglong zhaoi*) 1个种，于2007年描述和命名。赵氏翔龙身长15～16cm，其中尾长9～10cm，体侧8对肋骨延长伸出支撑皮膜翼（图31），展开时翼展约11cm，可在森林里的树木之间滑翔（图32）。因身体结构特征与现代飞蜥非常相似，推测它们的生活方式可能相同，说明当时中国辽宁西部可能处于热带、亚热带，分布着与今天的南亚、东南亚相似的森林。

图31 赵氏翔龙化石
(Image Credit：pnas.org)

图32 赵氏翔龙在早白垩世的森林里滑翔
(Image Credit：en.wikimeia.org)

23. 孔耐蜥是怎样的一种飞行爬行动物？

孔耐蜥是一种晚三叠世小型飞行蜥蜴，生活在2亿1556万～2亿零160万年前，今天的卢森堡。在系统分类上，属于爬行动物纲(Reptilia)，有鳞目(Squamata)，蜥蜴亚目(Lacertilia)，孔耐蜥科(Kuehneosauridae)，孔耐蜥属(*Kuehneosaurus*)。目前仅发现宽孔耐蜥(*Kuehneosaurus latus*)1个种，于1962年描述和命名。宽孔耐蜥身长72cm，体侧肋骨延长伸出达14.3cm，支撑皮膜翼(图33)。有的科学家根据空气动力学原理分析认为，孔耐蜥滑翔能力不强，它的皮膜翼更像是降落伞，从树上跳下以45°下降时，每秒滑翔10～12m，通过调整展开在腮帮子下的皮瓣控制降落点。

图33 宽孔耐蜥复原图
(Image Credit：staticflickr.com)

24. 伊卡洛斯蜥是怎样的一种飞行爬行动物？

伊卡洛斯蜥是一种晚三叠世小型飞行蜥蜴，生活在约2亿2800万年前，今天的美国新泽西。在系统分类上，属于爬行动物纲（Reptilia），有鳞目（Squamata），蜥蜴亚目（Lacertilia），孔耐蜥科（Kuehneosauridae），伊卡洛斯蜥属（*Icarosaurus*）。目前仅发现西夫克氏伊卡洛斯蜥（*Icarosaurus siefkeri*）1个种，于1966年描述和命名。由于仅有的1件化石标本较残缺，没有保存尾部（图34），所以只知道它从头部到臀部长约10cm。体侧肋骨大大延长，伸出支撑宽大的皮膜翼，可从树上跃起，在森林里滑翔（图35）。

图34 西夫克氏伊卡洛斯蜥化石
(Image Credit：geol.umd.edu)

图35 西夫克氏伊卡洛斯蜥在约2亿2800万年前的森林里滑翔
(Image Credit: alphacoders.com)

25. 长颈蜥是怎样的一种飞行爬行动物？

  长颈蜥是一种晚三叠世小型飞行爬行动物,生活在约2亿3000万年前,今天的美国弗吉尼亚—北卡罗莱纳边境。在系统分类上,属于爬行动物纲(Reptilia),初龙形演化支(Archosauromorpha),长颈蜥属(*Mecistotrachelos*)。目前仅发现翱翔长颈蜥(*Mecistotrachelos apeoros*)1个种。虽早已收集到好几件化石标本,但因深灰色的化石骨骼嵌入深灰色的岩石里,难以观察和修整,一直无法描述。直到2007年,采用电子计算机X射线断层扫描技术,才完成描述和命名(图36)。因描述的化石标本尾巴大部分缺失,至今仍没有确切的身长数据。翱翔长颈蜥头骨轻巧,尖嘴,脖子很长,有8节或9节颈椎骨,身体的第1对肋骨很短,此后至少8对肋骨大大延长,伸出体侧,支撑宽大的皮膜翼,可在树与树之间滑翔(图37)。

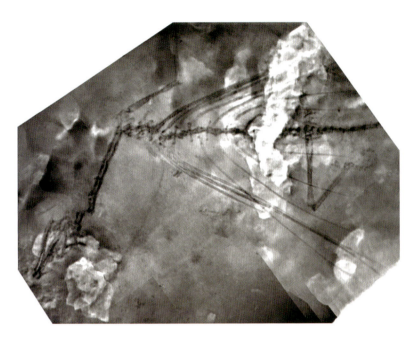

图36 翱翔长颈蜥化石的CT扫描图像
（Image Credit：en.wikimeia.org）

图37 翱翔长颈蜥在约2亿3000万年前的森林里
（Image Credit：alphacoders.com）

26. 沙洛夫龙是怎样的一种飞行爬行动物？

沙洛夫龙是一种晚三叠世小型飞行爬行动物，生活在约2亿2500万年前，今天的吉尔吉斯斯坦。它身长接近20cm，前肢很短，后肢很长，尾巴更长，后肢和尾巴之间连接有皮膜翼，滑翔时展开(图38)。沙洛夫龙自1971年首次被描述和命名后，一直是科学家们研究和争议的热点。早期绘制的沙洛夫龙复原图都是展开后肢皮膜翼滑翔飞行(图39)，但2006年后，有的科学家注意到，沙洛夫龙身体重心位于后肢皮膜翼的前面太远，一旦飞起来，将很难控制，不是撞在树上，就是摔在地上，只有把皮膜翼尽量向前延伸，使身体重心处于皮膜翼之间，并在前面再加一对翼面，才能非常有效地控制飞行，所以推测它们的后肢皮膜翼可能会向前延伸到体侧，形成宽大的三角翼，而且前肢可能也有一对较小的皮膜翼，类似现代鸭式布局飞机的前翼(图40)，但因现有化石的前肢部分缺失，是否有皮膜翼还不能确定。也有科学家根据现代蜥蜴会用从喉咙延伸至颈部的一对角腮骨横向展开，撑开颈部皮肤褶皱的特点，推测沙洛夫龙可能也会将颈部皮肤褶皱撑开，形成一对小三角形前翼来控制飞行(图41)。

图38　沙洛夫龙化石
(Image Credit: en.wikimedia.org)

图39 沙洛夫龙在森林里滑翔的早期复原图
(Image Credit: geoexplorersclub.com)
这个复原图是错误的,因身体重心位于后肢皮膜翼的前面太远,
很难控制飞行,必然摔得"鼻青脸肿"

图40 中国歼-10C"猛龙"战斗机就是一种典型的鸭式布局飞机
(Image Credit: alphacoders.com)
大三角形主翼前面有一对小三角形前翼,具有很好的机动飞行能力

图41 沙洛夫龙在森林里滑翔的新复原图
（Image Credit：en.wikimedia.org）

27. 谁是最古老的翼龙？

布法里尼氏沛温翼龙（*Preondactylus buffarinii*）和罗森菲尔德氏卡尔尼亚翼龙（*Carniadactylus rosenfeldi*）都是已知最古老的翼龙。它们都是长尾巴、短脖子的小型原始翼龙，都生活在约2亿2800万年前的晚三叠世，而且化石都发现于意大利东北部阿尔卑斯山区的乌迪内（Udine）附近。

28. 沛温翼龙是怎样的一种翼龙？

沛温翼龙（*Preondactylus*）是已知最古老的翼龙之一。

它是一种小型翼龙，翼展约45cm，生活在约2亿2800万年前的晚三叠世，化石发现于意大利东北部阿尔卑斯山区沛温山谷乌迪内附近。在系统分类上，属于翼龙目（Pterosauria），喙嘴龙科（Rhamphorhynchidae），沛温翼龙属（*Preondactylus*）。目前仅发现布法里尼氏沛温翼龙（*Preondactylus buffarinii*）1个种，于1983年描述并命名。属名取自化石首次被发现地点附近的沛温山谷，加上古希腊文"手指"，以说明它的手指构成翅膀；种名以化石的发现人南多·布法里尼（Nando Buffarini）为名。

现有化石标本3件，其中第1件相当完整，仅缺失头骨后段（图42），第2件位于一条掠食性鱼类胃中，第3件是缺失下颌的部分头骨。它们嘴里长着单尖牙齿，腿较长，翅膀较短（图43），并不善于长时间飞行，主要在沿海活动，可能会凫水，捕食小型鱼类或昆虫等，有时也会遭受掠食性鱼类的攻击。

图42　布法里尼氏沛温翼龙化石
（Image Credit：dinodata.de）

图43　布法里尼氏沛温翼龙复原图
（Image Credit：imgix.net）

29. 卡尔尼亚翼龙是怎样的一种翼龙？

卡尔尼亚翼龙（*Carniadactylus*）是已知最古老的翼龙之一。

它是一种小型翼龙，翼展约70cm，生活在约2亿2800万年前的晚三叠世，化石发现于意大利东北部阿尔卑斯山区乌迪内附近。在系统分类上，属于翼龙目（Pterosauria），真双型齿翼龙超科（Eudimorphodontoidea），真双型齿翼龙科（Eudimorphodontidae），卡尔尼亚翼龙属（*Carniadactylus*）。目前仅发现罗森菲尔德氏卡尔尼亚翼龙（*Carniadactylus rosenfeldi*）1个种，于1995年描述。起初认为是真双型齿翼龙（*Eudimorphodon*）的1个新发现的种，命名罗森菲尔德氏真双型齿翼龙（*Eudimorphodon rosenfeldi*）；种名以化石的发现人科拉多·罗森菲尔德（Corrado Rosenfeld）姓氏为名。后来的研究认为，这种翼龙不应归入真双型齿翼龙属，于是2009年建立新属——卡尔尼亚翼龙。

现有化石标本是2件不完整骨架及不完整头骨（图44），虽然形态与真双型齿翼龙（*Eudimorphodon*）很像，但个头更小，而且在身材比例上腿更长（图45）。颌骨牙齿多尖，但比真双型齿翼龙的小，磨损轻微，不像是吃鱼的，而像是吃身体柔软的小型无脊椎动物，如蠕虫或昆虫幼虫等。

图44　罗森菲尔德氏卡尔尼亚翼龙化石标本
（Image Credit：en.wikimedia.org）

32. 空枝翼龙属是怎样的一种翼龙？

空枝翼龙翼展约135cm，生活在约2亿零500万年前的晚三叠世，化石发现于阿尔卑斯山区瑞士的谢萨普拉纳山（Mount Schesaplana）。在系统分类上，属于翼龙目（Pterosauria），真双型齿翼龙超科（Eudimorphodontoidea），空枝翼龙属（*Caviramus*）。目前仅发现谢萨普拉纳空枝翼龙（*Caviramus schesaplanensis*）1个种，于2006年描述并命名。属名取自拉丁文"空洞"和"侧枝"，意思是中空的颌骨侧枝；种名取自化石发现地点谢萨普拉纳山。最初发现的化石是3段残破的右下颌侧枝，上面残留2颗多尖型牙齿，1颗3个尖，另1颗4个尖。齿列旁边有一排孔洞，颌骨中空轻巧（图48）。

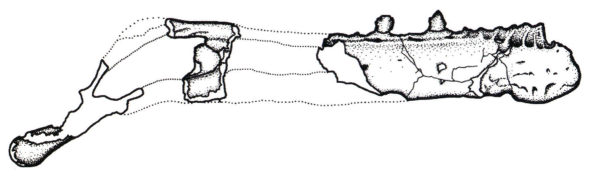

图48 谢萨普拉纳空枝翼龙残缺的右下颌侧枝化石
(Image Credit: Nadia Fröbisch and Jörg Fröbisch, 2006)

33. 拉埃提翼龙是怎样的一种翼龙？

拉埃提翼龙翼展约135cm，生活在约2亿零500万年前的晚三叠世，化石发现于阿尔卑斯山区瑞士的格里松斯(Grisons)。在系统分类上，属于翼龙目(Pterosauria)，真双型齿翼龙超科(Eudimorphodontoidea)，拉埃提翼龙属(*Raeticodactylus*)。目前仅发现菲利苏尔拉埃提翼龙(*Raeticodactylus filisurensis*)1个种，于2008年描绘并命名。属名取自化石发现地区的古代名称——拉埃提亚(Raetia)和古希腊文"翼手指"；种名取自化石发现地点菲利苏尔村(Filisur)。

化石是1件带有较完整头骨的残缺骨架(图49)，头骨有1个高而薄的骨质冠，沿上颌中线延伸到前端，下颌有1个隆脊。前上颌牙齿呈犬齿状，上颌牙齿是3个、4个或5个尖的多尖型(图50)。齿列显示适合咀嚼，可能是杂食动物。翼形细长，善于翱翔(图51)。但后来的许多研究者认为，这种翼龙的主要特征与空枝翼龙完全相同，很可能就是空枝翼龙保存较完整的标本。如果真是这样，由于空枝翼龙在2006年就已命名，那么2008年命名的拉埃提翼龙就是无效命名。

图49　拉埃提翼龙较完整的头骨和残缺的骨架化石，但许多研究者认为这实际上就是空枝翼龙的化石
(Image Credit：Rico Stecher, 2008)

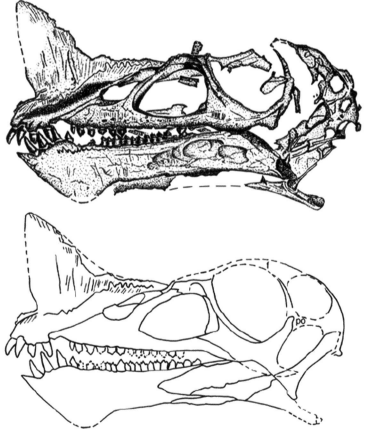

图50 拉埃提翼龙或空枝翼龙较完整的头骨化石
（Image Credit：Rico Stecher，2008）

图51　拉埃提翼龙或空枝翼龙复原图
（Image Credit：imgix.net）

34. 谁是最先被发现的翼龙？

古老翼手龙（*Pterodactylus antiquus*）是最先被发现的翼龙。

1784年，古老翼手龙在德国巴伐利亚州索伦霍芬的灰岩采石场首次被发现。因那里的灰岩是距今约1亿5000万年的晚侏罗世滨海潟湖沉积形成的，结构细腻，当时被作为制作刻板印刷的石板成片地开采，所以里面的许多化石保存得十分精美，如原始的鸟类——石印板始祖鸟（*Archaeopteryx lithographica*），以及小型恐龙——长腿秀颌龙（*Compsognathus longipes*）等。

古老翼手龙翼展约100cm，在系统分类上，属于翼龙目（Pterosauria），翼手龙亚目（Pterodactyloidea），翼手龙属（*Pterodactylus*）。它们头骨很薄，有一张伸出很长的大嘴和一双明亮的大眼睛；牙齿尖利，排列间隔较宽，以长在上、下颌前端的较发达，适合捕鱼；脊椎骨又小又短，尾巴短得几乎看不出来，骨骼中空并充满空气，连接牢固（图52、图53）。晚侏罗世时期，欧洲气候温暖，大部分覆盖着浅海，散布一些低平的岛屿。岛上遍布低矮的植物，岛周边潟湖环绕，古老翼手龙栖息在这些岛屿上，成群飞行在海面或海滩上空，捕食鱼类或其他小动物。

图52 古老翼手龙的第一件化石标本
(Image Credit：thoughtco.com)

图53 古老翼手龙复原图
(Image Credit：livescience.com)

35. 谁第一个发现了翼龙？

意大利博物学家科西莫·柯林伊（Cosimo Collini）是第一个发现翼龙的人（图54）。

图54 意大利博物学家科西莫·柯林伊
(Image Credit: buehler-hd,de)

1784年，柯林伊描述发表了从德国巴伐利亚州索伦霍芬灰岩采石场发掘出的第一件翼龙化石。他当时是法尔兹公国（Pfalz，现属德国）好奇阁（Cabinet of Curiosities）阁主，他认为这是一种在海洋里游泳的脊椎动物，用长长的前肢作划水的桨，不是鱼，也不是兽。这个论点得到不少科学家的认同。甚至直到1830年，德国动物学家约翰·瓦格勒（Johann Wagler）还提出这种动物的皮膜翼是用来在水里划水的蹼。

1801年，柯林伊将这件化石标本画了一张素描，寄给巴黎的法国动物学家乔治斯·居维叶（Georges Cuvier）。居维叶是当时世界著名的科学家，他根据素描画出的特征，看到这种动物与蝙蝠相似，具有像啄木鸟一样向前伸出的嘴，嘴特别大，长着鳄鱼一样的牙齿。脊柱和四肢像蜥蜴，有一双大眼睛。最后他确定，这是远古时代一种能够飞行的爬行动物，命名翼手龙（Ptero-dactyle）。后来，因科学命名标准化，翼手龙作为一个生物属，正式属名改成 *Pterodactylus*。

自1784年在索伦霍芬石灰岩层发现第一个翼龙类化石后,先后在那里发现了29种翼龙化石。1828年,英国化石采集专家玛丽·安宁(Mary Anning,图55)在英国莱姆里吉斯也发现了翼龙化石,即著名的双型齿翼龙(Dimorphodon)。1834年,约翰·雅各布·考普(Johann Jakob Kaup)建立翼龙目(Pterosauria),将这些翼龙统统归入这个目。

玛丽·安宁是一位传奇人物,古生物学早期历史上的一些重要化石都是她发现的。她采集化石时,她的爱犬特蕾总是伴随着她。她常冒着危险,乘滑坡暴露出新的化石时,抢在它们掉落进海里前尽快采集。在1833年的一次滑坡中,特蕾不幸遇难,她也险些丧命。

图55　英国化石采集专家玛丽·安宁和她可爱的小狗特蕾(Tray)
(Image Credit：en.wikipedia.org)
因在英格兰南部英吉利海峡沿岸悬崖侏罗纪海相化石层的多次重大发现而闻名于世。这幅肖像是她弟弟约瑟夫(Joseph)绘制的,1935年她把这幅画赠送伦敦自然历史博物馆

36. 双型齿翼龙是怎样的一种翼龙？

双型齿翼龙是一种早侏罗世中型翼龙,生活在1亿9500万～1亿9000万年前,今天的英国英格兰。在系统分类上,属于翼龙目(Pterosauria),双型齿翼龙科(Dimorphodontidae），双型齿翼龙属（*Dimorphodon*）。目前已发现2个种：大爪双型齿翼龙（*Dimorphodon macronyx*），于1829年首次报道，1835年描述和命名；温特劳布氏双型齿翼龙（*Dimorphodon weintraubi*），于1998年描述和命名。

成年个体身长约100cm，翼展约145cm，在身体比例上，头骨较大，长约23cm，颅骨较高，较大的鼻孔、眼眶、眶前孔和上下颌颞孔都以薄薄的骨条相隔，所以头虽大，但很轻巧。这样，它们的脑袋既拥有发达的呼吸、视觉、空间平衡和定位能力，又不至于增加太多的质量。眼睛发育巩膜环结构，有利于保护眼睛。上颌前面有4颗或5颗长而尖的大牙，后面有几颗较小的牙齿；下颌前面有5颗较大的牙齿，后面长着许多密集排列的细小牙齿（图56、图57）。这样的牙齿布局，适合捕食鱼类或昆虫，嘴前端大而尖的前颌齿刺穿猎物，

图56　大爪双型齿翼龙化石
（Image Credit：en.wikipedia.org）

再由腮帮子部位的细小颌齿咀嚼吞咽。尾巴很长，由约30节尾椎骨组成。翼展和身长的比例上，显得翅膀较短，表明扇动频率较高，飞行速度较快，机动灵活，但持续飞行能力较差（图58）。

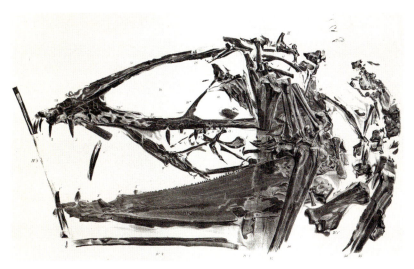

图57　大爪双型齿翼龙头骨化石
（Image Credit：en.wikipedia.org）

图58　大爪双型齿翼龙在飞行
（Image Credit：en.wikipedia.org）

37. 双型齿翼龙与真双型齿翼龙有什么区别?

双型齿翼龙与真双型齿翼龙虽在名称上仅一字之差,但实际上亲缘关系并不密切。并不是说真双型齿翼龙就比双型齿翼龙更"真正"。它们的共同特点是牙齿都分化成至少两种类型:嘴前面的牙齿大,用于刺穿猎物;后面腮帮子的牙齿小,用于撕裂、吞咽猎物。但它们的特征有很大的不同:双型齿翼龙,颅骨高,鼻孔、眼眶、眶前孔和上下颞颥孔都较大,相互以薄薄的骨条相隔以减轻质量,牙齿只是简单地分为嘴前面的牙齿大,后面腮帮子的牙齿小。真双型齿翼龙,颅骨低,颌骨多空洞以减轻质量,牙齿分化较复杂,嘴前面的牙齿大,有1个尖,后面腮帮子的牙齿小,有3~5个尖,其中大部分有5个尖(图59)。双型齿翼龙翅膀短宽,善于短时间机动飞行;真双型齿翼龙翅膀狭长,善于长时间翱翔盘旋。

图59 大爪双型齿翼龙(上)与兰齐氏真双型齿翼龙(下)头骨完全不同
(Image Credit:en.wikipedia.org)

38. 谁是最古老的双型齿类翼龙?

2亿零800万年前的汉森氏天风翼龙(*Caelestiventus hanseni*)是最古老的双型齿类翼龙(图60)。

图60 汉森氏天风翼龙栖息在沙漠绿洲
(Image Credit：sci-news.com)

在系统分类上，属于翼龙目(Pterosauria)，双型齿翼龙科(Dimorphodontidae)，天风翼龙属(*Caelestiventus*)。目前仅发现汉森氏天风翼龙1个种，于2018年描述并命名。属名取自拉丁文"天上的风"；种名以罗宾·汉森(Robin Hansen)的姓氏命名，他是发现化石地点的土地管理局地质学家，为化石发掘工作提供了许多帮助。

汉森氏天风翼龙化石发现于美国犹他州东北部，翼展超过150cm。嘴里有112颗尖利的牙齿，上颌前部3对牙齿和下颌前部2对牙齿特别长、特别大；上颌后部牙齿中等大小，排列稀疏，下颌后部牙齿细小、密集(图61)。头骨构造显示它们的视觉非常发达，而嗅觉很差，是已知最早生活在沙漠环境的翼龙。

图61 汉森氏天风翼龙头骨复原图
(Image Credit: sci-news.com)

39. 谁是最古老的翼手龙类翼龙？

目前已知最古老的翼手龙类翼龙是1亿6270万年前曾经飞翔在中国西北地区上空的先驱藏龙(*Kryptodrakon progenitor*)。它们窄而长的嘴里长满尖利的牙齿，翼展约140cm，长脖子，短尾巴，生活在中—晚侏罗世远离海岸的内陆有森林覆盖的沿河平原

(图62)。2001年在新疆沙漠里首次发现这种翼龙化石时,它被误认为是一种小型兽足类恐龙。后经中国和美国古生物学家共同研究,鉴定它是一种新发现的翼手龙类翼龙,于2014年描述和命名。因化石发现地点也是当时曾在国内外热映,并荣获2001年奥斯卡金像奖和美国金球奖的影片《卧虎藏龙》拍摄外景地之一,所以属名藏龙;而种名先驱则强调它是翼手龙类翼龙的早期类型。然而,一些古生物学家用计算机推算的系统演化模型显示,翼手龙类翼龙的起源远比先驱藏龙久远得多。如果将来找到比先驱藏龙更古老的翼手龙类翼龙,一点也不会令人感到惊奇。

图62　先驱藏龙飞翔在1亿6270万年前的蓝天上
（Image Credit: romangm.com）

40. 谁是在中国首次被发现的翼龙？

准噶尔翼龙（*Dsungaripterus*）是在中国首次被发现的翼龙。

1964年7月18日，当时的新疆维吾尔自治区石油管理局地层古生物考察队6人，在准噶尔盆地西北缘克拉玛依市北偏东约100km的乌尔禾地区进行地质工作。队员魏景明沿着一条雨水冲刷出来的小沟仔细观察早白垩世沉积的地层时，发现一些散落的白色中空的翼龙骨骼化石。根据骨骼上黏着的灰绿色泥质砂岩和褐色砂质泥岩向前追寻，找到埋藏化石的地层，这是一个厚约2m的灰绿色泥质砂岩夹褐色砂质泥岩的透镜体。他招呼队友杨进中一起用镐小心挖掘，终于发掘出包括1个头骨、几根肢骨及部分脊椎骨在内的翼龙骨架化石（图63），翼龙化石层下部的钙质砂岩包含有许多淡水蚌壳化石，说明这里在早白垩世时期是一个淡水湖泊。这些翼龙化石随即被送至北京中国科学院古脊椎动物与古人类研究所，经中国著名古脊椎动物学家杨钟健研究描述，确定是翼龙的一个新属新种，为表彰发现者魏景明，命名魏氏准噶尔翼龙（*Dsungaripterus weii*）。

1992年4月10日，这些化石由北京运回新疆，陈列在新疆维吾尔自治区石油管理局勘探开发研究院内的新疆石油地质陈列馆。

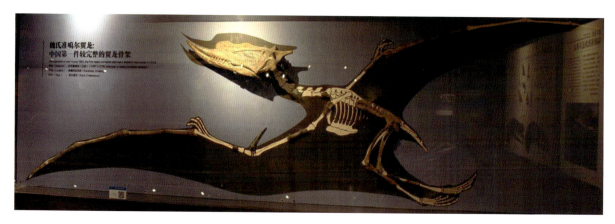

图63　陈列在北京中国古动物博物馆的魏氏准噶尔翼龙骨架化石模型
（Image Credit：kiddle.co）

41. 准噶尔翼龙是怎样的一种翼龙？

准噶尔翼龙是一种中型翼龙，成年平均翼展300cm，生活在约1亿年前的早白垩世，化石发现于中国新疆准噶尔盆地乌尔禾地区。在系统分类上，属于翼龙目（Pterosauria），翼手龙亚目（Pterodactyloidea），准噶尔翼龙科（Dsungaripteridae），准噶尔翼龙属（*Dsungaripterus*）。目前已收集个体化石标本30多件，包括3个较完整的头骨化石，但仅发现魏氏准噶尔翼龙（*Dsungaripterus weii*）1个种，于1964年描述和命名。身长约90cm。头骨长40～50cm，长而窄，前端尖。沿着颌上部长有一个波浪状骨质冠，骨质冠向上弯曲在顶部形成一个向后上方的凸起。上、下颌前端都向上翘，都没有牙齿，可能是用来挑出岩石裂缝或浅水底及岸滩泥沙里的蠕虫、软体动物或甲壳动物；上颌后端14颗或15颗牙齿，下颌后端11颗或12颗牙齿，牙齿瘤状，适合咬碎甲壳动物外壳，吃里面的肉（图64）。胸骨很宽，有龙骨突，肢骨中空，但骨壁厚，骨架粗壮，可能大部分时间在地面活动，也能短时间飞行（图65）。

图64 魏氏准噶尔翼龙头骨化石
（Image Credit：pterosaur.co.uk）

图65 魏氏准噶尔翼龙在约1亿年前的蓝天上飞行
(Image Credit:gmx.at)

42. 翼龙是迄今为止最大的飞行动物吗?

是的。

目前已知最大的飞行动物就是5种巨型翼龙:诺斯罗普氏风神翼龙(*Quetzalcoatlus northropi*)、巨怪哈特兹哥翼龙(*Hatzegopteryx thambema*)、费拉德尔菲亚阿拉姆伯格翼龙(*Arambourgiania philadelphiae*)、北风冰龙(*Cryodrakon boreas*)及尚未正式命名的"巨大蒙古翼龙(Mongol giant)"。它们四肢站立时,与现代长颈鹿(*Giraffa camelopardalis*)差不多高(图66),翼展都可能达到或超过10m,与一些现代战斗机和小型通用飞机的翼展不相上下,如美国海军陆战队现役的F-35B"闪电Ⅱ(Lightning Ⅱ)"隐形战斗机翼展10.7m(图67)、畅销世界60多年的美国塞斯纳172"空中之隼(Skyhawk)"四座通用飞机翼展11m(图68)。

图66 从左到右:长颈鹿、人类、诺斯罗普氏风神翼龙及巨怪哈特兹哥翼龙身高比较
(Image Credit: wikia.nocookie.net)

图67　诺斯罗普氏风神翼龙的翼展与美国海军陆战队F-35B"闪电Ⅱ"隐形战斗机的翼展差不多
（Image Credit：wallpapercave.com，usaf.com）

图68 巨怪哈特兹哥翼龙的翼展与许多国家常见的私家飞机塞斯纳172"空中之隼"的翼展差不多
（Image Credit：a1.ro，wallpapersafari.com）

43. 谁是最大的翼龙？

目前还有争议。

通常认为发现于美国得克萨斯州靠近墨西哥边境的诺斯罗普氏风神翼龙，是已知最大的翼龙，翼展10～11m。但发现于罗马尼亚的巨怪哈特兹哥翼龙，翼展也有10～11m。此外，发现于加拿大的北风冰龙，以及发现于蒙古尚未正式命名的"巨大蒙古翼龙"，翼展也可能达到或超过10m。更有甚者，有的古生物学家推算，发现于约旦的阿拉姆伯格翼龙，翼展可达13m，但另一些古生物学家的推算却只有7m。为什么相差这么大？是因为现有的阿拉姆伯格翼龙化石太残缺。真相究竟如何，还有待发现更完整的化石证据才能见分晓。

44. 风神翼龙是怎样的一种翼龙?

  风神翼龙可能是地球上有史以来最大的飞行动物之一,翼展10～11m,身长5～6m,体重200～250kg,生活在6800万～6600万年前的晚白垩世,今天的美国南部。在系统分类上,属于翼龙目(Pterosauria),翼手龙亚目(Pterodactyloidea),神龙翼龙科(Azhdarchidae),风神翼龙属(*Quetzalcoatlus*)。目前仅发现诺斯罗普氏风神翼龙(*Quetzalcoatlus northropi*) 1个种,于1975年描述和命名。属名取自阿兹特克语长着羽毛和翅膀的蛇神——奎兹特克(Quetzalcoatl),是墨西哥神话里的风神;种名以美国著名飞机设计师和航空工业企业家约翰·克努森·诺斯罗普(John Knudsen Northrop)姓氏命名,因为风神翼龙的外形很像他的诺斯罗普公司研发的一系列无尾飞翼飞机(图69)。诺斯罗普氏风神翼龙已发现不同大小个体的骨骼化石多件,由此复原它们的体貌特征:头骨较大,眼眶前上方头顶有脊形头冠,颌骨很长,没有牙齿;眶前孔很大,差不多占头骨的一半,大大减轻了头骨质量。脖子很长,达2余米,肩与头之间有发达的长形肌腱和肌肉支撑;腿很长,以平衡较大的头。生活习性可能类似现代大型鸟类丹顶鹤(*Grus japonensis*)或白鹳(*Ciconia ciconia*),巨大的双翼扇动频率不高,但动力强劲,遇到有利的气流还可进行滑翔,节省体力,善于长途飞行,以捕猎为生。

图69 诺斯罗普氏风神翼龙与诺斯罗普无尾飞翼飞机
(Image Credit: webeenow.com, usaf.com)
从上到下：1945年试飞的N9M-B"飞翼(Flying Wing)"试验机、1946年试飞的XB-35重轰炸机原型机和1997年列装美国空军的B-2"精灵(Spirit)"隐形轰炸机

45. 哈特兹哥翼龙是怎样的一种翼龙？

哈特兹哥翼龙可能是地球上有史以来最大的飞行动物之一，翼展10～11m，生活在约6600万年前的晚白垩世，今天的罗马尼亚西部的哈特兹哥。在系统分类上，属于翼龙目(Pterosauria)，翼手龙亚目(Pterodactyloidea)，神龙翼龙科(Azhdarchidae)，哈特兹哥翼龙属(*Hatzegopteryx*)。目前仅发现巨怪哈特兹哥翼龙(*Hatzegopteryx thambema*)1个种，于2002年描述和命名。属名取自化石首次发现地哈特兹哥(Hatzego)；种名取自古希腊文"巨大的怪物"。巨怪哈特兹哥翼龙，头骨较大，头顶有较大的脊形头冠；头骨结构粗壮可附着大块肌肉，而大部分翼龙的头骨结构纤巧，因此推测它的头部骨骼内多空洞或泡沫状构造，以减轻质量；硕大的下巴在关节处有一条独特的沟槽，这样嘴就可张得非常大；脖子很长，腿也很长，双翼巨大，善于长途飞行，以捕猎为生(图70)。

图70　正在捕猎的巨怪哈特兹哥翼龙
(Image Credit：nocookie.net)

46. 阿拉姆伯格翼龙是怎样的一种翼龙？

阿拉姆伯格翼龙或许也是地球上有史以来最大的飞行动物之一，翼展7～13m，生活在约6600万年前的晚白垩世，今天的约旦。在系统分类上，属于翼龙目(Pterosauria)，翼手龙亚目(Pterodactyloidea)，神龙翼龙科(Azhdarchidae)，阿拉姆伯格翼龙属(*Arambourgiania*)。目前仅发现费拉德尔菲亚阿拉姆伯格翼龙(*Arambourgiania philadelphiae*)1个种，于1959年描述和命名为费拉德尔菲亚泰坦翼龙(*Titanopteryx philadelphiae*)。属名取自古希腊文"巨大的翅膀"；种名取自约旦首都安曼的古称"费拉德尔菲亚(Philadelphia)"。后来发现这个属名在1935年已被用于命名一种蚋科(Simulidae)飞虫，按国际动物命名委员会(International Commission on Zoological Nomenclature，简称ICZN)规则，泰坦翼龙命名无效。于是，在1989年重新命名为阿拉姆伯格翼龙，以表彰最先研究这种翼龙的法国古生物学家卡米尔·阿拉姆伯格(Camille Arambourg)。

由于阿拉姆伯格翼龙只发现1根约62cm长的不完整颈椎化石，所以一直难以了解它的全貌。1990年代后期，有的研究者认为这是第5颈椎，推测全长约78cm，参照风神翼龙较完整的相应颈椎长约66cm，两者比例1.18∶1，由此推算它的脖子长约3m，翼展12～13m(图71)。但后来的研究者认为没有那么大，推算结果最小的是翼展7m。

图71　如果阿拉姆伯格翼龙翼展真的能达到13m，就与中国空军现役的
歼-20"威龙"隐形战斗机的翼展相差无几
(Image Credit：dinosaurfact.net，airway1.com)

47. 北风冰龙是怎样的一种翼龙？

北风冰龙可能也是地球上有史以来最大的飞行动物之一，翼展可达到或超过10m，体重约250kg，生活在约7650万年前的晚白垩世，今天的加拿大阿尔伯塔省东南部。在系统分类上，属于翼龙目（Pterosauria），翼手龙亚目（Pterodactyloidea），神龙翼龙科（Azhdarchidae），冰龙属（Cryodrakon）。目前仅发现北风冰龙（Cryodrakon boreas）1个种，于2019年描述和命名。属名取自古希腊文"冰冷"和"龙"；种名取自"北风之神"，表示发现化石的地点处于寒冷的冰封荒原。化石包括一些幼年个体的翼骨、腿骨、颈骨及胸骨，还有1件保持完好的成年个体的巨大颈骨。从化石特征来看，北风冰龙是一种食肉动物。埋藏化石的岩石及同层位的其他动植物化石显示：约7650万年前，北风冰龙生活的区域虽纬度较高，但并没有现在那么寒冷荒凉，其丰富的食物资源可供应巨型翼龙群落生活（图72）。

图72　北风冰龙在曼妙多姿的北极光照耀下觅食
(Image Credit：kidsweek.nl)

48. "巨大蒙古翼龙"是怎样的一种翼龙？

这种翼龙目前还没有正式命名，暂称"巨大蒙古翼龙（Mongol giant）"，可能是地球上有史以来最大的飞行动物之一，翼展可能达到或超过10m，生活在约7000万年前的晚白垩世，今天的蒙古南部戈壁沙漠。在系统分类上，属于翼龙目（Pterosauria），翼手龙亚目（Pterodactyloidea），神龙翼龙科（Azhdarchidae），于2017年描述但未命名。至今仅发现几件颈椎化石碎块，椎体宽达20cm，推测它的四肢站立时身高可能与现代长颈鹿差不多，是食肉动物（图73）。发现化石的地点也是蒙古著名的恐龙化石产地，埋藏化石的岩层是页岩和砂岩，富含各种动植物化石，显示约7000万年前那里遍布河流湖泊、湿地沼泽及森林，食物资源丰富得足以维持巨型恐龙和巨型翼龙群落的日常生活。

图73 "巨大蒙古翼龙"四肢行走时
（Image Credit：fandom.com）

49. 谁是中国最大的翼龙？

莫干翼龙也许是中国已知最大的翼龙，推测翼展至少5m，有可能超过7m，与1辆公交大巴差不多长（图74）。这种翼龙生活在约1亿2000万年前的早白垩世，今天的辽宁省西部。在系统分类上，属于翼龙目（Pterosauria），翼手龙亚目（Pterodactyloidea），北方翼龙科（Boreopteridae），莫干翼龙属（*Moganopterus*）。目前仅发现朱氏莫干翼龙（*Moganopterus zhuiana*）1个种，于2012年描述和命名。属名取自中国古代关于一对绝世宝剑莫邪和干将的传说，以形容这种翼龙的颌骨狭长如剑；种名以化石提供者朱海芬女士为名。化石包括近乎完整的头骨和第2～4颈椎。其中，头骨长约95cm；牙齿是已知有牙齿翼龙中最大的，上、下颌狭长而前端尖，圆锥状牙齿长而稍弯，分布于嘴前部，上面每边15颗、下面每边17颗，共64颗，捕食鱼类及其他小动物；上前颌有低矮的三角形喙冠，头顶后部有长形头冠，以15°角向后上方延伸。第2～4颈椎分别长11cm、11cm及14.5cm。

图74 朱氏莫干翼龙奔跑起飞
（Image Credit：illustrator.org.hk）

50. 巨型翼龙飞行能力有多强？

巨型翼龙飞行能力非常强，甚至能够进行洲际迁徙飞行。

据2010年英国朴茨茅斯大学(University of Portsmouth)马克·P.威顿(Mark P. Witton)和美国查塔姆大学(Chatham University)迈克尔·B.哈比卜(Michael B. Habib)发表的一项研究结果认为，以前人们低估了巨型翼龙的飞行能力，实际上它们天生善于长途飞行。这两位研究者在进行翼龙骨骼解剖特征和形态功能分析的基础上，认为巨型翼龙的骨骼强度、前肢肌腱附着特点、翼展宽度及皮膜翼具有类似飞机襟翼的构造，都说明它能够产生足够升力和推力，保证它们进行长途飞行（图75）。翼展越大越有利于滑翔，翼面积越大越有利于承载体重（图76）。以风神翼龙和哈特兹哥翼龙为例进行计算，如去掉脂肪的体重是200kg，加上72kg脂肪作为能源，就能够连续飞行16 000km。当然，巨型翼龙迁徙并不需要连续飞行，也不需要在出发前长那么多脂肪，增加太多的体重。实际上它们就像现代候鸟那样，可以沿途降落休息觅食，恢复体力，补充能量后再继续飞行。

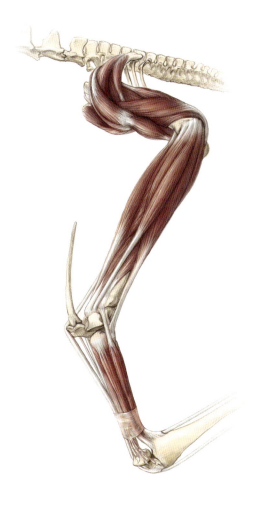

图75 根据巨型翼龙前肢骨骼化石上留下的肌腱附着痕迹绘制的复原图
(Image Credit：doi.org)

千姿百态的翼龙世界
翼龙科普知识百问

图76 飞行中的风神翼龙
（Image Credit：unity3d.com）

51. 为什么有的翼龙翅膀长而窄，而有的翼龙翅膀短而宽？

这是因为它们的飞行方式不同。

不同的翼龙为适应不同的生活环境，演化出适合不同飞行方式的翅膀形状。其中，长而窄的翅膀在飞行时扇动频率不高，甚至有时可停止扇动进行滑翔，较节省体力，适合长时间持续飞行，在海面、湖面或山林上空盘旋或来回搜寻捕猎。

短而宽的翅膀在飞行中扇动频率高，有利于快速机动飞行，可灵活地在茂密的树林中穿行觅食，但耗费体力较大，不适合长时间持续飞行。

52. 谁是最小的翼龙？

目前还有争议。

通常认为，化石发现于格陵兰地区的克朗普顿小北极翼龙(*Arcticodactylus cromptonellus*)是已知最小的翼龙，翼展约24cm。但少数中国研究者却认为，化石发现于中国辽宁省西部的隐居树林翼龙(*Nemicolopterus crypticus*)才是已知最小的翼龙，翼展约25cm。

由于这两种翼龙目前都只有1件化石标本，测量的数据都不是本物种的平均值，所以多1cm或少1cm不一定就能说明问题，因为即使是同一物种的不同个体，也有大小差异。而且，它们的头骨都尚未完全愈合，都不是成年个体，肢骨却发育良好。一些研究者就此认为，它们已不是幼年个体，而是青少年个体，大小接近成年个体。

但另一些研究者却指出，翼龙是早熟动物，这仍然还是幼年个体，甚至有些研究者认为，隐居树林翼龙很可能是中国翼龙(*Sinopterus*)的幼年个体，它们的化石都埋藏在相同地点的相同岩石层里。中国翼龙成年翼展约120cm，比许多翼龙都大。如阿尔特米尔翼龙(*Altmuehlopterus*)翼展约110cm，翼手龙(*Pterodactylus*)和德国翼手龙(*Germanodactylus*)翼展都是约100cm，而蛙嘴翼龙类(*Anurognathids*)翼展甚至还不到100cm。

53. 北极翼龙是怎样的一种翼龙？

北极翼龙是已知最小的翼龙之一，翼展约24cm，大小和现代的燕子(*Hirundo rustica*)差不多。这种翼龙生活在2亿零800万～2亿零100万年前的晚三叠世，化石发现于意大利北部的阿尔卑斯山区。在系统分类上，属于翼龙目(Pterosauria)，真双型齿翼龙科(Eudimorphodontidae)，北极翼龙属(*Arcticodactylus*)。目前仅发现克朗普顿小北极翼龙(*Arcticodactylus cromptonellus*)1个种，它的种名以阿尔弗雷德·沃尔特·克朗普顿(Alfred Walter Crompton)教授为名，后面加拉丁文"小"，以说明这种翼龙个头很小，现有的化石标本是1件带残缺头骨的部分零散骨架。

2001年，最初的研究者认为它是真双型齿翼龙属一个新发现的种，命名克朗普顿小真双型齿翼龙(*Eudimorphodon cromptonellus*)，但后来的研究者们发现，虽然它的多尖型牙齿与真双型齿翼龙的相似，但每侧颌骨的多尖型牙齿只有11颗或12颗，数量是已知三叠纪翼龙中明显最少的，齿列中段也没有犬齿状长牙（图77），这些特征都完全不同于真双型齿翼龙。它的肱骨三角肌嵴是三角形的，而真双型齿翼龙的是矩形的。所以，据2015年修订的描述，重新命名其为克朗普顿小北极翼龙，它的外貌特征是翅膀较短，腿较长，身后还有一条长尾巴（图78）。

图77　克朗普顿小北极翼龙残缺的头骨和零散的部分骨架，它的牙齿数量是已知三叠纪翼龙中最少的
（Image Credit：dinodata.de）

图78　克朗普顿小北极翼龙复原图
（Image Credit：southernoregonfamily.com）

54. 隐居树林翼龙是怎样的一种翼龙？

隐居树林翼龙是已知最小的翼龙之一，身长约9cm，翼展约25cm。这种翼龙生活在约1亿2000万年前的早白垩世，化石发现于中国辽宁省西部。在系统分类上，属于翼龙目（Pterosauria），翼手龙亚目（Pterodactyloidea），树林翼龙属（*Nemicolopterus*）。目前，仅发现隐居树林翼龙（*Nemicolopterus crypticus*）1个种，于2008年描述和命名，现有1件带有头骨近乎完整的骨架化石（图79）。隐居树林翼龙眼睛很大，嘴巴长而尖，没有牙齿，脚趾弯曲，善于爬树。它们隐居在树冠高处，可躲避较大的掠食动物猎杀，能悄无声息地飞行在树木之间，以昆虫为食（图80）。

图79 隐居树林翼龙化石
（Image Credit：pterosaur.org.uk）

千姿百态的翼龙世界
翼龙科普知识百问

图80　隐居树林翼龙在约1亿2000万年前的森林里捕食昆虫
（Image Credit：chuangzhao-itc.cn）

55. 中国翼龙是怎样的一种翼龙？

中国翼龙成年翼展约120cm，生活在约1亿2000万年前的早白垩世，化石发现于中国辽宁省西部。在系统分类上，属于翼龙目(Pterosauria)，翼手龙亚目(Pterodactyloidea)，古神翼龙科(Tapejaridae)，中国翼龙属(Sinopterus)。目前有两个有效种：董氏中国翼龙(Sinopterus dongi)，于2002年描述和命名，种名以中国著名古生物学家董枝明命名；凌源中国翼龙(Sinopterus lingyuanensis)，于2016年描述和命名，种名取自化石产地凌源市。还有5个争议属种：谷氏中国翼龙(Sinopterus gui)，于2003年描述和命名；季氏华夏翼龙(Huaxiapterus jii)、冠华夏翼龙(Huaxiapterus corollatus)、本溪华夏翼龙(Huaxiapterus *benxiensis*)和返祖华夏翼龙(*Huaxiapterus atavismus*),都是于2005年描述和命名。2019年,一些研究者认为谷氏中国翼龙是董氏中国翼龙的未成年个体;季氏华夏翼龙就是董氏中国翼龙。其他3种华夏翼龙也都是中国翼龙,只不过是种不同而已。

中国翼龙是在巴西以外首次发现的古神翼龙类动物,现已找到多个保存完好、程度不一的化石骨架(图81)。它的特点是头骨长达17cm,具有鸟喙状尖嘴,没有牙齿,适合吃鱼类或果实。头上部有一个长的骨质冠,从较高的前上颌骨开始,延伸到头颅骨后方;前肢发达,后肢纤弱,似乎不适合在地面行走,更适合在树上活动(图82)。根据埋藏化石的地层特征看,当时辽宁省西部森林河湖遍布,中国翼龙的食物资源丰富。

图81 董氏中国翼龙化石
(Image Credit:en.wikimedia.org)

图82　董氏中国翼龙复原图
（Image Credit：google.com）

56. 华夏翼龙是怎样的一种翼龙？

华夏翼龙翼展约94cm，生活在约1亿2000万年前的早白垩世，今天的中国辽宁省西部。在系统分类上，属于翼龙目（Pterosauria），翼手龙亚目（Pterodactyloidea），古神翼龙科（Tapejaridae），华夏翼龙属（*Huaxiapterus*），于2005年描述和命名了4个种：季氏华夏翼龙（*Huaxiapterus jii*）、冠华夏翼龙（*Huaxiapterus corollatus*）、本溪华夏翼龙（*Huaxiapterus benxiensis*）和返祖华夏翼龙（*Huaxiapterus atavismus*）。它们的骨骼化石特征与中国翼龙基本上相同，而且也保存在同一岩层里，所以2019年一些研究者发表的论文认为，华夏翼龙是无效命名，它们就是中国翼龙（图83）。

图83 季氏华夏翼龙化石被一些研究者认为就是董氏中国翼龙化石
(Image Credit:en.wikimedia.org)

57. 阿尔特米尔翼龙是怎样的一种翼龙？

阿尔特米尔翼龙翼展约110cm，生活在约1亿5000万年前的晚侏罗世，化石发现于德国巴伐利亚州艾希施泰特地区的索伦霍芬。在系统分类上，属于翼龙目(Pterosauria)，翼手龙亚目(Pterodactyloidea)，阿尔特米尔翼龙属(Altmuehlopterus)。目前仅发现巨嘴阿尔特米尔翼龙(Altmuehlopterus rhamphastinus)1个种。有3件化石标本，包括带头骨的不完整骨架(图84)。它的特征是：头骨长约21cm，具有长而大的喙嘴，牙齿强健有力，上、下颌

图84　巨嘴阿尔特米尔翼龙化石
（Image Credit：dinosaurpictures.org）

齿列整齐，间隔较宽，一直延伸到两颌的喙尖端；头骨顶部有一个低矮的骨质冠，从上颌中段延伸到头骨后部，推测骨质冠外面有更高、更大的扇形软组织，可能由色彩鲜艳的角质化表皮构成（图85）。

阿尔特米尔翼龙研究历史悠久，早在1851年就进行了描述，当时命名为巨嘴鸟头翼龙（*Ornithocephalus ramphastinus*），但这个属名已在1824年先命名了一种中、南美洲的现代兰科植物——鸟头兰，所以实际上是无效属名；种名取自一种现代鸟类——巨嘴鸟（*Ramphastos*），因为这种翼龙具有像巨嘴鸟那样巨大的喙嘴。1859年有研究者将种名修改成*Rhamphastinus*，即在r后面加了h，因为他以为巨嘴鸟的属名是*Rhamphastos*，但实际上不是。原来的拼写是正确的，而后来修改的却是错误的。不过这个拼写错误的种名后来被普遍接受，一直沿用至今。1871年鉴于原先的属名是无效的，于是重新命名双孔头翼龙（*Diopecephalus*），但没有规定这个属的正型标本，所以这个命名仍不规范。1970年有研究者将这种翼龙归入德国翼龙属（*Germanodactylus*），作为这个属的第2个种——巨嘴德国翼手龙（*Germanodactylus rhamphastinus*）。但后来的研究发现两者差异明显，不能放在一个属里。如德国翼手龙的喙尖端没有牙齿，而这种翼龙有牙齿。于是，2004年重新命名巨嘴代廷翼龙（*Daitingopterus rhamphastinus*），属名取自化石产地代廷，但没有重新描述，所以仍是无效命名。直到2017年才按国际动物命名委员会标准，正式描述和命名巨嘴阿尔特米尔翼龙（*Altmuehlopterus rhamphastinus*），属名取自流经化石产地的阿尔特米尔河。

图85　巨嘴阿尔特米尔翼龙复原图
(Image Credit: en.wikimedia.org)

58. 德国翼手龙是怎样的一种翼龙？

德国翼手龙翼展约100cm，生活在约1亿5000万年前的晚侏罗世，化石发现于德国巴伐利亚州艾希施泰特地区的索伦霍芬。在系统分类上，属于翼龙目(Pterosauria)，翼手龙亚目(Pterodactyloidea)，德国翼手龙属(Germanodactylus)。目前仅发现冠饰德国翼手龙(Germanodactylus cristatus)1个种，于1925年描述和命名为冠饰翼手龙(Pterodactylus cristatus)，后来研究发现与翼手龙属有明显不同，于1964年重新命名为冠饰德国翼手龙。

至今已找到多件化石标本，包括一些带头骨的较完整骨架(图86)。德国翼手龙因头上有冠而著名，因为此前科学家们并不知道翼龙头上有冠，直到2002年才在这种翼龙的化石上首次发现头冠残留痕迹。现在大家都知道，翼龙头上有冠是非常普遍的现象。德国翼手龙头骨长约13cm，具有长而大的喙嘴，牙齿排列间隔较宽，一直延伸到颌前部，喙尖端没有牙齿。头顶有一个低矮的骨质冠，沿头骨中线延伸。推测骨质冠外面有超过两倍高的软组织，可能由色彩鲜艳的角质化表皮构成(图87)。

图86　冠饰德国翼手龙骨架化石
（Image Credit：dinosaurpictures.org）

图87　冠饰德国翼手龙复原图
（Image Credit：wixmp.com）

59. 蛙嘴翼龙类是怎样的一类翼龙？

蛙嘴翼龙类都是小型翼龙，翼展通常不到100cm。在系统分类上，属于翼龙目（Pterosauria），蛙嘴翼龙科（Anurognathidae）。目前已发现的属按翼展大小依次是：中华大眼翼龙（*Sinomacrops*）（翼展约91cm）、热河翼龙（*Jeholopterus*）（翼展约90cm）、蛙颌翼龙（*Batrachognathus*）（翼展50～75cm）、蛙嘴翼龙（*Anurognathus*）（翼展约50cm）、树翼龙（*Dendrorhynchoides*）（翼展约48cm）等。

蛙嘴翼龙类头骨短而宽，所以脸很宽，嘴也很宽，两只大眼睛可位于脸的正面，具有良好的立体视觉，可精准估算目标距离，有利于在飞行中捕猎，也有利于在树枝上降落；手指比脚趾发达，爪子弯曲，善于爬树，也善于在树上活动；皮膜翼可延伸到脚踝，翼面积很大，可灵活变形，能在树木之间穿梭飞行，捕食昆虫及其他小动物。

蛙嘴翼龙类的系统分类一直是古生物学家争议的问题。因为它们中有的尾巴较长，似乎可归入喙嘴龙亚目，但有的尾巴却很短，似乎应属于翼手龙亚目。目前，多数研究者认为它们可能既不属于喙嘴龙类，也不属于翼手龙类。至于它们与这两个亚目的关系仍是争议的问题。一些研究者认为，它们是较原始的类型，脖子短，第5脚趾发达，尾巴趋向变长，与喙嘴龙关系密切；而另一些研究者却认为，它们尾巴趋向变短，更接近翼手龙类。

60. 中华大眼翼龙是怎样的一种翼龙？

中华大眼翼龙翼展约91cm，身长约18cm，生活在约1亿6000万年前的晚侏罗世早期，化石发现于中国河北、内蒙古和辽宁交界的燕辽地区。在系统分类上，属于蛙嘴翼龙科（Anurognathidae），中华大眼翼龙属（*Sinomacrops*）。目前仅发现邦德氏中华大眼翼龙（*Sinomacrops bondei*）1个种，于2021年描述和命名。属名取自古希腊文"中华""大""眼睛"；种名献给丹麦哥本哈根大学古脊椎动物学家尼尔斯·邦德（Niels Bonde），以表彰他对这项研究的科学贡献和灵感启发。

化石是带有头骨的近乎完整的骨架（图88），头骨宽大于长，眼窝很大，下巴圆而厚实，短钉子状牙齿，主要用于捕食昆虫；一对宽大的皮膜翼，尾巴较长。头骨和身体骨架外廓可见毛发状细丝痕迹，显然在活着时浑身长毛。根据这件化石标本，中国当代最优秀的古生物复原画家赵闯绘制了精美的复原图：中华大眼翼龙圆头圆脑，毛茸茸的，憨萌可爱（图89），简直就像美国科幻故事影片《星球大战：最后的绝地武士》(Star Wars: The Last Jedi) 里的波尔格鸟(Porg)（图90）。

图88　邦德氏中华大眼翼龙化石
(Image Credit：syfy.com)

千姿百态的翼龙世界
翼龙科普知识百问

图89　邦德氏中华大眼翼龙复原图
（Image Credit：syfy.com）

图90　美国科幻故事影片《星球大战：最后的绝地武士》里憨萌可爱的波尔格鸟
（Image Credit：ecartelera.com）

61. 热河翼龙是怎样的一种翼龙？

热河翼龙翼展约90cm，生活在约1亿6000万年前的晚侏罗世早期，化石发现于中国内蒙古、河北和辽宁交界的燕辽地区。在系统分类上，属于蛙嘴翼龙科（Anurognathidae），热河翼龙属（*Jeholopterus*）。目前仅发现宁城热河翼龙（*Jeholopterus ningchengensis*）1个种，于2002年描述和命名。

化石是一件带有头骨的近乎完整的骨架，分别保存在一块剖开的岩石标本的两面（图91），头骨宽大于长，达28mm。一双大眼睛位于脸正面，嘴很宽；猪牙状牙齿，大部分很小，一部分较长较弯；保存了身体和皮膜翼的软组织印痕，以及周围的毛发状细丝痕迹，显然在活着时浑身长毛；腿短而粗壮，脚趾发达，趾爪弯曲，但没有手指爪长；翼面积较大，可延伸到脚踝（图92）。主要捕食昆虫，可能也捕食小鱼。

图91　宁城热河翼龙化石
(Image Credit：en.wikimedia.org)

图92　宁城热河翼龙捕食昆虫
（Image Credit：amnh.org）

62. 蛙颌翼龙是怎样的一种翼龙？

　　蛙颌翼龙是一种小型翼龙。根据现有的两件破碎残缺的化石，不同的研究者推算的翼展从75cm到50cm不等。这种翼龙生活在约1亿5730万年前的晚侏罗世，化石发现于哈萨克斯坦的喀拉套地区。在系统分类上，属于蛙嘴翼龙科（Anurognathidae），蛙颌翼龙属（*Batrachognathus*）。目前仅发现飞翔蛙颌翼龙（*Batrachognathus volans*）1个种，于1948年描述和命名。属名取自古希腊文"青蛙"和"颌"；种名取自拉丁文"飞翔"。头骨长约48mm，上颌可见22颗或24颗向后弯的锥形小牙齿（图93），主要用于捕食昆虫，尾巴较长（图94）。

图93 飞翔蛙颌翼龙化石
(Image Credit：orange.fr)

图94 飞翔蛙颌翼龙捕食昆虫
(Image Credit：wixmp.com)

63. 蛙嘴翼龙是怎样的一种翼龙？

蛙嘴翼龙翼展约50cm，身长约9cm，是一种小型翼龙，生活在约1亿5000万年前的晚侏罗世，化石发现于德国巴伐利亚州艾希施泰特地区的索伦霍芬。在系统分类上，属于蛙嘴翼龙科（Anurognathidae），蛙嘴翼龙属（*Anurognathus*）。目前仅发现阿蒙氏蛙嘴翼龙（*Anurognathus ammoni*）1个种，于1923年描述和命名。属名取自古希腊文"没有""尾巴"和"下巴"；种名献给巴伐利亚地质学家路德维希·冯·阿蒙（Ludwig von Ammon），以表彰他首先采集到这种翼龙的化石。化石保存在一块石板上，是一件带有头骨印痕的较完整的破碎骨架（图95），但保存大部分骨骼的另一块对应石板已缺失。头骨短而宽，眼窝大，宽大的嘴巴长着钉状牙齿，尾巴短。主要捕食昆虫（图96）。

图95　阿蒙氏蛙嘴翼龙化石
（Image Credit：reptileevolution.com）

图96　阿蒙氏蛙嘴翼龙正在猎食海克尔氏丽蛉(*Kalligramma haeckeli*)
(Image Credit：en.wikimedia.org)

64. 树翼龙是怎样的一种翼龙？

树翼龙翼展约48cm，是一种小型翼龙，生活在约1亿2000万年前的早白垩世，化石发现于中国辽宁省西部。在系统分类上，属于蛙嘴翼龙科(Anurognathidae)，树翼龙属(*Dendrorhynchoides*)。目前仅发现弯齿树翼龙(*Dendrorhynchoides curvidentatus*)1个种，于1999年描述和命名。

化石是一件带有头骨的近乎完整的骨架(图97)，头骨短而宽，长约3cm；嘴很宽，牙齿细小，有点向后弯曲，主要用于捕食昆虫；爪子尖利，善于在树上活动。起初，研究者曾被化石骨架两腿之间的一根长骨头迷惑，以为是一条长尾巴，由此认为它是喙嘴龙类无疑，而不是蛙嘴翼龙类，当时的复原图也是这么画的(图98)。后来，发现那条尾巴是假的，因为翼龙的尾巴是由一系列尾椎骨连接构成，而不是一根长骨头。这条假尾巴很可能是化石贩子为了使得化石看起来更完整，能卖个好价钱而接在真尾巴上的，实际上真尾巴很短(图99)。

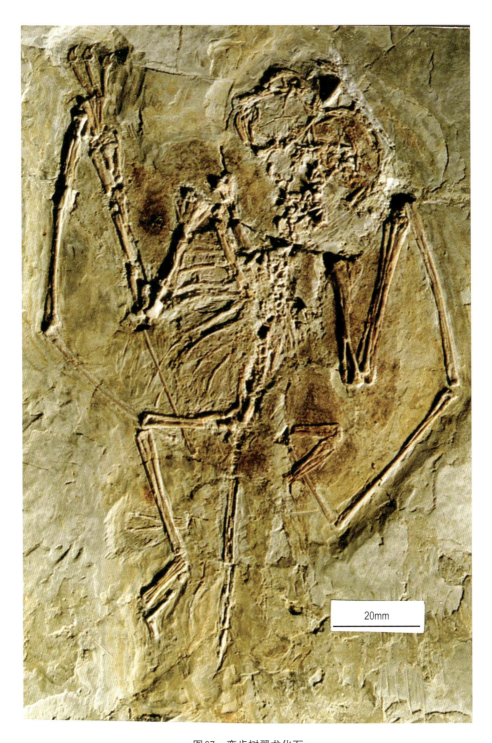

图97 弯齿树翼龙化石
(Image Credit:reptileevolution.com)
注意:两腿之间的一根骨头不是尾巴,很可能是化石贩子加上去的,真正的尾巴很短

千姿百态的翼龙世界
翼龙科普知识百问

图98 弯齿树翼龙原先的复原图
（Image Credit：china-shj.org.cn）
错误地画了一条长尾巴,而且脑袋也画得又窄又长,
像喙嘴龙类那样

图99 弯齿树翼龙后来的复原图
（Image Credit：panaves.com）
注意：它的脑袋圆圆的,尾巴很短

65. 翼龙身上都长着毛吗？

是的，翼龙身上都长着毛。

虽然早在1831年就发现翼龙化石上有毛的痕迹，但并没当回事。因为当时普遍认为翼龙就像龟、蛇及蜥蜴等现代爬行动物那样是不应该长毛的，所以很长一段时间的翼龙复原图都把它们画成浑身光溜溜的。后来，随着披毛恶鬼翼龙（*Sordes pilosus*）、宁城热河翼龙（*Jeholopterus ninchengensis*）及明斯特氏喙嘴龙（*Rhamphorhynchus muensteri*）等保存有毛痕迹的翼龙化石陆续被发现（图100、图101、图102），现在科学家们已普遍相信，翼龙浑

图100 哈萨克斯坦卡拉套约1亿5570万年前的披毛恶鬼翼龙化石浓密的碧萝丝痕迹
(Image Credit：app.pan.pl)

图101 中国内蒙古宁城约1亿6400万年前的宁城热河翼龙化石浓密的碧萝丝痕迹
（Image Credit：app.pan.pl）

图102 德国索伦霍芬约1亿5000万年前的明斯特氏喙嘴龙化石浓密的碧萝丝痕迹
（Image Credit：en.wikimedia.org）

身是毛茸茸的,并推断它们很可能像鸟类和哺乳动物那样是体温恒定的温血动物,身上的毛是用来保持体温的,不是像现代爬行动物那样体温随外界环境温度的变化而变化。

2009年,巴西古生物学家亚历山大·克尔纳(Alexander Kellner)等给翼龙的毛专门起了个名字,叫"碧萝丝(pycnofibres)",意思是"浓密的丝状物",以区别于恐龙和鸟类的羽毛(feathers)和鬃毛(bristles)、哺乳动物的皮毛(furs)和毛发(hairs)。

2018年,中国南京大学杨子潇博士、姜宝玉教授和爱尔兰科克大学(University College Cork)玛利亚·麦克拉马拉博士(Dr. Maria McNamara)合作研究发现,两个中国内蒙古晚侏罗世蛙嘴翼龙类化石标本(编号CAGS-Z070和NJU-57003)具有4种不同类型的碧萝丝(图103):第1种是单支没有分叉,分布于全身;第2种是末端稍微分叉,分布在颈部、前后肢近端、脚掌和尾巴前端;第3种有一根主轴,在中间部分有许多小分叉,分布在嘴巴附近;第4种是绒毛状的,主要分布在皮膜翼(图104)。翼龙的碧萝丝可能除了有保持体温的功能外,还可能有触觉、飞行中调节气流、以鲜艳的色彩宣示领地或吸引异性等功能。

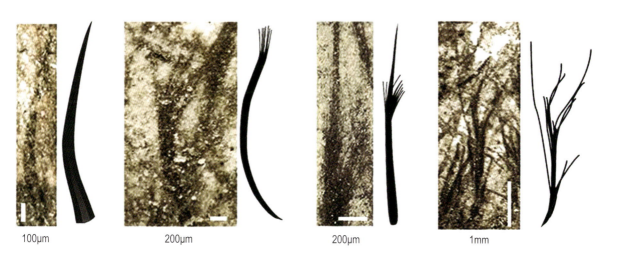

图103 两个中国内蒙古晚侏罗世蛙嘴翼龙化石标本具有4种不同类型的碧萝丝
(Image Credit:Yang et al,2019)

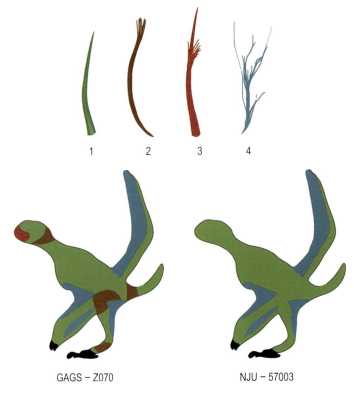

图104　4种不同类型的碧萝丝分布在两个蛙嘴翼龙标本的不同部位
（Image Credit：Liliana D'Alba，2019）

66. 恶鬼翼龙是怎样的一种翼龙？

恶鬼翼龙翼展约63cm，生活在约1亿5570万年前的晚侏罗世，化石发现于哈萨克斯坦。目前，在系统分类上还有争议。起初被归入喙嘴龙科（Rhamphorhynchidae），恶鬼翼龙属（*Sordes*）。但后来的研究认为这种翼龙更原始，不属于喙嘴龙类。现仅发现披毛恶鬼翼龙（*Sordes pilosus*）1个种，于1971年描述和命名。属名取自拉丁文"污秽"，引用自当地民间传说里的恶鬼；种名取自拉丁文"毛茸茸"，以强调其中一些化石保存了它们体表的碧萝丝印痕（图105）。迄今为止，至少已发现6件完整程度不一的化石标本。

恶鬼翼龙的头骨长而不圆，嘴的长度中等，前端尖（图106）。颌前部牙齿大而尖，用于捕猎；后部牙齿小得多，也多得多，用于压碎猎物，便于吞咽，说明它们能捕捉带硬壳的无脊椎动物和滑溜溜的两栖动物等难以捕捉的猎物。翅膀较短，说明扇动频率高，善于快速机动飞行。短脖子，长尾巴，尾巴末端叶片与喙嘴龙的菱形叶片不同，是长形叶片（图107）。

图105　披毛恶鬼翼龙带有毛茸茸的碧萝丝印痕的化石
（Image Credit：wekerlekos.hu）

图106 头骨保存较完整的披毛恶鬼翼龙骨架化石
(Image Credit: en.wikimedia.org)

图107 披毛恶鬼翼龙复原图
(Image Credit: en.wikimedia.org)

67. 长尾巴短脖子翼龙除了真双型齿翼龙和双型齿翼龙外，还有哪些具代表性的翼龙？

长尾巴短脖子翼龙除了真双型齿翼龙(*Eudimorphodon*)(图46)和双型齿翼龙(*Dimorphodon*)(图58)外，代表性翼龙还有喙嘴龙(*Rhamphorhynchus*)、布尔诺美丽翼龙(*Bellubrunnus*)、掘颌龙(*Scaphognathus*)、矛颌翼龙(*Dorygnathus*)、抓颌龙(*Harpactognathus*)、天霸翼龙(*Cacibupteryx*)、狭鼻翼龙(*Angustinarpterus*)、丝绸翼龙(*Sericipterus*)、曲颌形翼龙(*Campylognathoides*)、奥地利翼龙(*Austriadactylus*)、奥地利龙(*Austriadraco*)及希莎翼龙(*Seazzadactylus*)等。

68. 喙嘴龙是怎样的一种翼龙？

喙嘴龙大多翼展约100cm，身长约60cm，最大的个体翼展181cm，身长126cm。生活在约1亿5000万年前的晚侏罗世，今天的欧洲，可能非洲也有，其中德国索伦霍芬的化石保存最好。在系统分类上，属于喙嘴龙科(Rhamphorhynchidae)，喙嘴龙属(*Rhamphorhynchus*)。迄今为止已发现不少化石标本，至少鉴别出3个种：明斯特氏喙嘴龙(*Rhamphorhynchus muensteri*)，于1831年描述和命名；长尾喙嘴龙(*Rhamphorhynchus longicaudus*)，于1864年描述命名；艾赤氏喙嘴龙(*Rhamphorhynchus etches*)，于2015年描述和命名。此外，还有至少两个有争议的种。喙嘴龙两翼窄而长，善于在海面或湖面上空长时间翱翔，类似现代的海鸥(*Larus canus*)。喙嘴龙有1条长尾巴，末端有菱形的软组织叶片(图108)；嘴里长着尖利的牙齿，以一定角度向外龇出，鸟喙状的嘴尖

图108 保存精美的明斯特氏喙嘴龙化石，可见窄而长的双翼和尾端菱形叶片软组织印痕
（Image Credit：en.wikimedia.org）

端弯曲而锋利(图109)。一些化石标本上曾发现其腹内有鱼类和乌贼类的残骸化石,显示了它们的日常食谱(图110)。

图109 明斯特氏喙嘴龙头骨化石,可见尖利牙齿以一定角度向外龇
(Image Credit：google.com)

图110 喙嘴龙复原图
(Image Credit：img.com.ua)

69. 布尔诺美丽翼龙是怎样的一种翼龙？

目前仅发现1件布尔诺美丽翼龙幼年个体化石，翼展约30cm。生活在约1亿5100万年前的晚侏罗世，今天的欧洲，化石发现于德国南部著名的索伦霍芬石印版灰岩层之下的平板灰岩层，所以比石印版灰岩层的化石更古老一些。在系统分类上，属于喙嘴龙科（Rhamphorhynchidae），布尔诺美丽龙属（*Bellubrunnus*）。迄今为止仅发现罗斯加恩格尔氏布尔诺美丽翼龙（*Bellubrunnus rothgaengeri*）1个种，于2012年描述和命名。属名取自拉丁文"美丽的"和化石发现地点布尔诺村，组合起来就是"布尔诺的美丽者"；种名以化石发掘队领队莫妮卡·罗斯加恩格尔（Monika Rothgaenger）的姓氏命名。目前仅有的化石标本是1具保存近乎完整的骨架（图111、图112），头骨口鼻短，眼睛很大，占头骨总长度的1/3。头

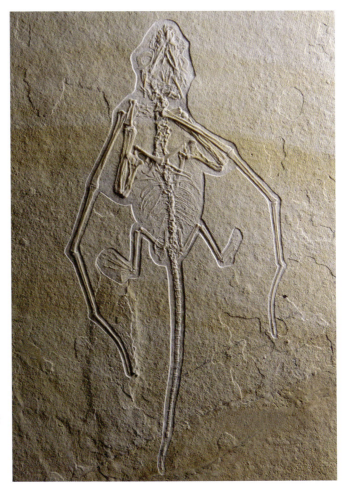

图111 罗斯加恩格尔氏布尔诺美丽翼龙幼年个体化石标本
(Image Credit: en.wikimedia.org)
（注意两翼末端向前弯。比例尺1cm）

骨、肩胛骨和乌喙骨都没融合,肢骨也没骨化,这些都说明它是一只出生不到1年的幼年个体。嘴里有约22颗牙齿,牙齿又长又直又尖,横断面为圆形。长尾巴,两翼末端向前弯,而不像其他许多翼龙那样向后掠(图113)。

图112 罗斯加恩格尔氏布尔诺美丽翼龙幼年个体化石标本
（Image Credit：en.wikimedia.org）
（不同波长紫外光摄影可突显一些骨骼细节）

图113 罗斯加恩格尔氏布尔诺美丽翼龙在飞翔
（Image Credit：en.wikimedia.org）

70. 掘颌龙是怎样的一种翼龙？

掘颌龙是一种小型翼龙，翼展约90cm，生活在约1亿5080万年前的晚侏罗世，今天的欧洲。迄今为止，它所有的3件化石标本都发现于德国著名的索伦霍芬石印版灰岩层。在系统分类上，属于喙嘴龙科（Rhamphorhynchidae），掘颌龙属（Scaphognathus）。目前仅发现厚嘴掘颌龙（Scaphognathus crassirostris）1个种。

1831年因第1件标本未保存长尾巴，被误认为是翼手龙的1个新种，命名厚嘴翼手龙（Pterodactylus crassirostris）。后来的研究发现它完全不同于翼手龙，于1861年建立新属掘颌龙。属名取自希腊文"浴盆"和"下巴"，以体现它们宽钝的下颌；种名取自古希腊文"肥厚的喙嘴"。进入20世纪后，发现的第2件标本保存了长尾巴，确定了它是喙嘴龙科翼龙。第3件标本清晰地保存了它头上特有的冠，可区别于其他喙嘴龙。

掘颌龙短脖子，长尾巴，头骨长不足12cm，下颌宽厚，眶前孔较大，牙齿大而尖，垂直生长，上颌16颗，下颌10颗，既可捕食昆虫和小蜥蜴，也可咀嚼蕨类和树叶，是杂食动物。眼眶内的巩膜环显示它们可能是夜行动物，以避免在竞争更激烈的白天觅食（图114、图115）。

图114　厚嘴掘颌龙化石
(Image Credit: en.wikimedia.org)

图 115　厚嘴掘颌龙复原图
（Image Credit：en.wikimedia.org）

71. 矛颌翼龙是怎样的一种翼龙？

矛颌翼龙翼展可达169cm，生活在约1亿8000万年前的早侏罗世，今天的欧洲。迄今为止，已在德国、法国和英国发现超过50件化石标本（图116）。在系统分类上，属于喙嘴龙科（Rhamphorhynchidae），矛颌翼龙属（*Dorygnathus*）。目前确认的只有班兹矛颌翼龙（*Dorygnathus banthensis*）1个种。1830年，首次发现的化石仅1个下颌，当时误以为是鸟掌翼龙的1个种，命名班兹鸟掌翼龙（*Ornithocephalus banthensis*），种名取自化石发现地点班兹修道院（Banz Abbey）。1860年，随着更完整的化石陆续被发现，才确定这是1个新发现的属，于是命名矛颌翼龙属，属名取自古希腊文的"长矛"和"颌部"。

矛颌翼龙头骨长，前端尖，未见骨质头冠。大眼睛，眼眶孔是头骨上最大的孔，比眶前孔还大。前上颌4对长牙齿，上颌7对牙齿，越往后牙齿越小；下颌前3对牙齿长而锐利，向前龇，后面至少8对较小牙齿，较直立，下颌前后牙齿大小差异明显；总共至少44颗牙齿。闭嘴时，上下颌前部长牙会互相交错像鱼叉似的向外龇出（图117）。这种牙齿布局，适合捕食身体滑溜溜的鱼类及乌贼等水生动物。

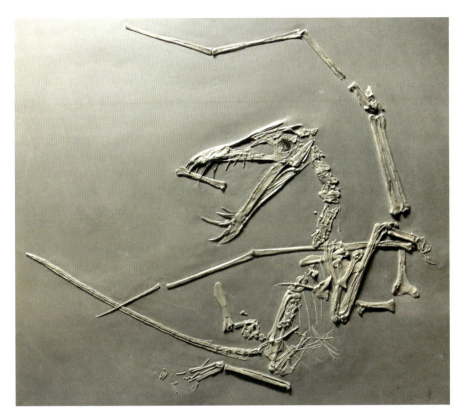

图 116 班兹矛颌翼龙化石
(Image Credit: en.wikimedia.org)

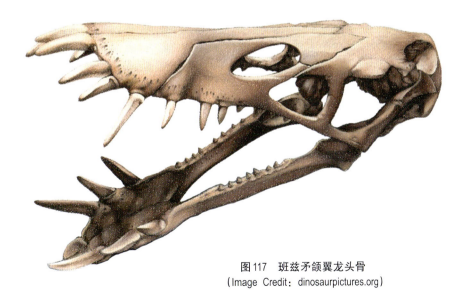

图 117 班兹矛颌翼龙头骨
(Image Credit: dinosaurpictures.org)

矛颌翼龙有 1 条长尾巴，第 5 脚趾也较长，可能用于附着两腿之间的皮膜翼。两翼狭长，善于长时间翱翔，就像现代的信天翁科（Diomedeidae）大型海鸟（图118），绝大部分时间都在开阔的海上度过，只偶尔在岛屿上停留。它们成群从岸上飞向远海，搜索猎物。一旦发现目标，就会俯冲下去，潜入水下，捕捉波浪下的猎物。在岛上休息时，也会捕食小昆虫、小蜥蜴，甚至刚孵出来的小恐龙。

图118　班兹矛颌翼龙复原图
（Image Credit：en.wikimedia.org）

72. 抓颌龙是怎样的一种翼龙？

抓颌龙翼展至少 250cm，生活在约 1 亿 5500 万年前的晚侏罗世，目前仅有 1 件化石，是发现于美国怀俄明州奥尔巴尼县（Albany County）的头骨残部。在系统分类上，属于喙嘴龙科（Rhamphorhynchidae），抓颌龙属（*Harpactognathus*）。目前仅金特里氏抓颌龙（*Harpactognathus gentryii*）1 个种，于 2003 年描述和命名。属名取自古希腊文"抓捕"和"颌部"；种名表彰化石发现者乔·金特里（Joe Gentry）。

抓颌龙也许是个头最大的喙嘴龙类翼龙，头骨长约30cm，上颌尖端稍微上翘，1条低矮的骨质冠一直延伸到喙嘴最前端(图119)，推测活着时有更高大的肉质冠(图120)，也是它区别于其他喙嘴龙类翼龙的最显著特征。上、下颌交错排列稀疏的长钉状牙齿，可能像现代鸦科(Corvidae)鸟类那样，食谱包括昆虫及小型脊椎动物等。

图119 金特里氏抓颌龙上颌前端稍微上翘，
1条低矮的骨质冠一直延伸到喙嘴最前端
（Image Credit：savalli.us）

图120 金特里氏抓颌龙在飞行
（Image Credit：wixmp.com）

73. 天霸翼龙是怎样的一种翼龙？

天霸翼龙翼展约200cm，生活在约1亿5600万年前的晚侏罗世，化石发现于古巴西部。在系统分类上，属于喙嘴龙科（Rhamphorhynchidae），天霸翼龙属（*Cacibupteryx*），目前仅发现1个种：加勒比天霸翼龙（*Cacibupteryx caribensis*），于2004年描述和命名。属名取自泰诺文"天空霸主"和古希腊文"翅膀"；种名取自西班牙文"加勒比"。

现有的化石是1个残缺的头骨和一些破碎的左翅膀骨。头骨缺失口鼻部和牙齿，但其他部分完整。保存部分长度超过15cm，推测完整时长度为20～22cm。头顶宽阔，有1条从眼睛部位到鼻孔部位的低矮的脊，上颌每侧可见6个齿槽，推测缺失部分每侧还有3～4个齿槽。根据齿槽形状推测，牙齿横断面圆形，粗壮，间隔宽，生长方向稍微向外龇。颌骨粗壮，可捕食较强壮的猎物（图121）。

图121　加勒比天霸翼龙向猎物俯冲
（Image Credit：pteros.com）

74. 狭鼻翼龙是怎样的一种翼龙？

狭鼻翼龙翼展约160cm，生活在约1亿5900万年前的晚侏罗世早期，化石被发现于中国四川省自贡市附近的大山铺。在系统分类上，属于喙嘴龙科(Rhamphorhynchidae)，狭鼻翼龙属(*Angustinaripterus*)，迄今为止仅发现1个种：长头狭鼻翼龙(*Angustinaripterus longicephalus*)。现有化石标本是1个不完整头骨，于1983年描述和命名，属名取自拉丁文"狭窄"和"鼻孔"，种名取自拉丁文"长"和古希腊文"头"。

头骨长而平，鼻孔狭长，位于眶前孔前上方。颌骨很直，上前颌骨有3对牙齿，上颌骨有6对牙齿，下颌骨有至少10对牙齿，也许12对牙齿。后部牙齿小，前部牙齿很长，粗壮而弯曲，适度向前龇，上、下牙齿形成1个相互交叉的"猎物抓取器"，可用于从水面快速抓鱼（图122）。

图122 长头狭鼻翼龙复原图
(Image Credit: imgix.net)

75. 丝绸翼龙是怎样的一种翼龙？

丝绸翼龙翼展至少173cm,生活在约1亿6000万年前的晚侏罗世早期,化石发现于中国新疆维吾尔自治区吉木萨尔县五彩湾附近。在系统分类上,属于喙嘴龙科(Rhamphorhynchidae),丝绸翼龙属(*Sericipterus*)。目前仅发现1个种:五彩湾丝绸翼龙(*Sericipterus wucaiwanensis*),于2010年描述和命名。属名取自拉丁文"丝绸"和拉丁化希腊文"翅膀",意思是"丝绸之翼",因为化石发现地点为邻近著名的古代东西方贸易通道——丝绸之路;种名取自化石发现地点附近的著名旅游胜地——五彩湾。

现有的唯一标本是残缺破碎的头骨和关节脱落的骨架化石。头骨从头顶到口鼻有3个骨质冠。口鼻狭窄,上颌前段有2对长牙,后段可能有5对较短的牙;牙齿尖锐而弯曲,横断面近圆形,有两道棱脊,可能有切割面的作用。生活在内陆,主要捕食小型四足动物(图123)。

图123 五彩湾丝绸翼龙复原图
(Image Credit: pteros.com)

76. 曲颌形翼龙是怎样的一种翼龙？

曲颌形翼龙目前被多数研究者认可的有两个种:奇特尔氏曲颌形翼龙(*Campylognathoides zitteli*)(翼展约180cm)、里阿斯曲颌形翼龙(*Campylognathoides liasicus*)(翼展约

90cm)。但也有研究者认为这两者的主要区别只是个体大小不同,很可能是1个种的不同生长阶段。曲颌形翼龙生活在约1亿8200万年前的晚侏罗世,化石发现于德国符腾堡的里阿斯蓝色灰岩地层。迄今为止发掘出的化石个体已有10多只。在系统分类上,属于曲颌形翼龙科(Campylognathoididae),曲颌形翼龙属(*Campylognathoides*)。奇特尔氏曲颌形翼龙,于1894年首次描述;里阿斯曲颌形翼龙,于1858年首次描述。1974年印度报道的"印度曲颌形翼龙(*Campylognathoides indicus*)"标本,被普遍认为根本就不是翼龙化石。

1858年曲颌形翼龙被首次报道时,被错误地归入翼手龙属(*Pterodactylus*),1894年建立曲颌翼龙属(*Campylognathus*),1920年代挪威昆虫学家埃姆布里克·施特兰德(Embrik Strand)发现曲颌翼龙的属名已被1890年命名的一种非洲异翅亚目小昆虫——尼日尔曲颌虫(*Campylognathus nigrensis*)先采用了,因此曲颌翼龙命名无效。于是,1928年重新命名为曲颌形翼龙(*Campylognathoides*)。属名取自古希腊文"弯曲"和"颌部",以强调它的特征是弯曲的下巴。奇特尔氏曲颌翼龙的种名以古生物学家阿尔弗雷德·冯·奇特尔(Alfred von Zittel)的姓氏命名,里阿斯曲颌形翼龙的种名以发现化石的地层里阿斯蓝色灰岩命名。

曲颌形翼龙喙嘴较短,头骨修长,口鼻前端尖而稍微向上弯。大眼眶、大巩膜环,视力良好,或可能是夜行动物。鼻孔较大,呈狭长状;下方的眶前孔较小,呈三角形。牙齿短,圆锥状,内侧倾斜,形成锐利的切割面。每个前上颌骨有4颗牙齿,牙齿间隔宽,越往后牙齿越大,第4颗最大。上颌骨有10颗较小的牙齿,越往后牙齿越小。奇特尔氏曲颌形翼龙下颌有16~19颗牙齿,里阿斯曲颌形翼龙下颌有12~14颗牙齿(图124)。8节颈椎,14节

图124　曲颌形翼龙头骨化石
(Image Credit:en.wikimedia.org)

背椎,4节或5节荐椎,38节尾椎。其中,基部6节尾椎短,可动;后段32节尾椎有非常长的骨突,较坚挺,可能在飞行时有方向舵的功能。胸骨大,长方形,可附着发达的胸肌;肱骨短而粗壮,有方形三角嵴,可附着发达的上臂肌,这都说明它的动力飞行能力很强(图125、图126)。

图125 曲颌形翼龙化石
(Image Credit:en.wikimedia.org)

图126 曲颌形翼龙复原图
(Image Credit:en.wikimedia.org)

77. 奥地利翼龙是怎样的一种翼龙？

奥地利翼龙翼展达120cm，在早期的原始翼龙中算是个头较大的，生活在约2亿1500万年前的晚三叠世，化石发现于奥地利和意大利的阿尔卑斯山区。在系统分类上，属于曲颌形翼龙科（Campylognathoididae），奥地利翼龙属（*Austriadactylus*）。已发现近乎完整的头骨及不完整的骨架化石2件（图127、图128），至少鉴别出1个种：冠头奥地利翼龙（*Aus-*

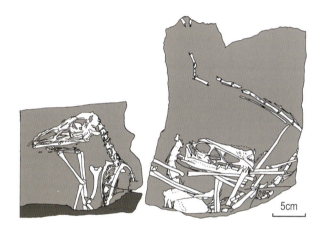

图127　冠头奥地利翼龙化石线描
（Image Credit：paleofile.com）
（左：发现于意大利，喙冠仅保存基部；右：发现于奥地利，喙冠保存较完整）

图128　发现于意大利的冠头奥地利翼龙化石
（Image Credit：en.wikimedia.org）

triadactylus cristatus),于2002年描述和命名。属名取自拉丁文"奥地利"和古希腊文"手指翼";种名取自拉丁文"头冠"。因一些特征很像真双型齿翼龙(*Eudimorphodon*),所以有的研究者认为它们可能是真双型齿翼龙的青少年个体。

奥地利翼龙最明显的特征是喙嘴上方有一个高2cm的骨质冠,最高处靠近喙前端,加上软组织会更高,向后逐渐变低,一直延伸到眼睛上方。牙齿因功能不同而形态各异,共约74颗,因功能不同而形态多样,上颌前面的5颗单尖型牙齿大而尖利,用于捕猎,最大的牙齿呈犬齿状;向后牙齿变小,至少17颗,或许多达25颗三尖型牙齿,中间点缀几颗大而尖利的单尖型牙齿,用于撕裂和切割猎物。它们的猎物可能包括鱼类、两栖动物及陆生蜥蜴,不仅仅只吃昆虫。因尾椎没有其他原始翼龙那样的僵硬骨棒,它们的长尾巴可灵活摆动。

图129 冠头奥地利翼龙复原图
(Image Credit: pteros.com)

78. 奥地利龙是怎样的一种翼龙?

奥地利龙是一种小型翼龙,翼展约80cm,生活在约2亿零800万年前的晚三叠世,化石发现于奥地利蒂罗尔州泽菲尔德靠近赖特山顶的小路边。在系统分类上,属于奥地利龙科(Austriadraconidae),奥地利龙属(*Austriadraco*)。仅发现1件破碎残缺的头骨和骨架化石，1个种：达利韦基亚氏奥地利龙（*Austriadraco dallavecchiai*），于2015年描述和命名，属名取自拉丁文"奥地利"和"龙"；种名以古生物学家达利·韦基亚（Dalla Vecchia）的姓名命名。头骨及牙齿与真双型齿翼龙（*Eudimorphodon*）很相似，但不同的是，下颌骨后部外侧有1个下颌孔（图130），而且个头也小了10%~25%。

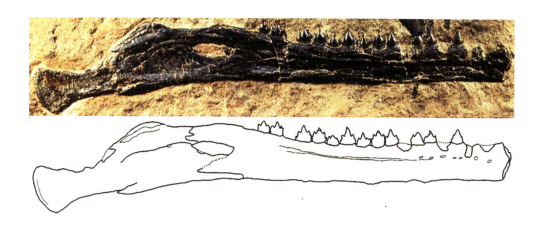

图130　达利韦基亚氏奥地利龙下颌骨后部外侧有1个下颌孔
（Image Credit：dinodata.de）

79. 希莎翼龙是怎样的一种翼龙？

希莎翼龙是一种小型翼龙，翼展约60cm，生活在约2亿1500万年前的晚三叠世，化石发现于意大利东北部普里昂城（Preone）附近的希莎溪（Seazza Brook）。在系统分类上，属于奥地利龙科（Austriadraconidae），希莎翼龙属（*Seazzadactylus*）。发现1件不太完整的头骨及骨架化石，1个种：韦尼耶氏希莎翼龙（*Seazzadactylus venieri*），于2019年描述和命名。属名取自拉丁文"希莎"和"翼手指"；种名以化石发现者翁贝托·韦尼耶（Umberto Venier）的姓氏命名。

标本是1个尚未完全成年的个体（图131），头骨长约6cm，前上颌骨前部有4对锥形牙齿，平卧后弯，后部没有牙齿，上颌骨有14对叶状牙齿。除了第1颗外，都是3~7个尖头的多尖型牙齿。前下颌骨前部有2对锥状牙齿，闭嘴时与前上颌骨牙齿交叉相错，随后是一小空缺；下颌骨有19对多尖型牙齿，与上颌骨的相似（图132、图133）。

图131 韦尼耶氏希莎翼龙化石
（Image Credit：en.wikimedia.org）

图132 韦尼耶氏希莎翼龙头骨线描图
（Image Credit：en.wikimedia.org）
（灰色是化石保存部分）

图133 韦尼耶氏希莎翼龙复原图
（Image Credit：pteros.com）

80. 长尾巴短脖子翼龙与短尾巴长脖子翼龙之间是什么关系？

根据目前的化石记录来看，是先有长尾巴短脖子翼龙，后有短尾巴长脖子翼龙，两者并不是以前认为的两个并列的亚目。

以前，把所有长尾巴短脖子翼龙归入喙嘴龙亚目（Rhamphorhynchoidea），而短尾巴长脖子翼龙归入翼手龙亚目（Pterodactyloidea），以为两者是出自同一个祖先，然后平行演化发展。但随着化石材料的积累和研究的深入，发现事实并非如此。实际上，只有翼手龙亚目是单系类群，是由一个祖先及其所有后裔共同组成的自然分类单元；喙嘴龙亚目却是一个包括翼龙目所有基干类群的复系类群，其中包括喙嘴龙科（Rhamphorhynchidae）、曲颌形翼龙科（Campylognathoididae）、蛙嘴翼龙科（Anurognathidae）、双型齿翼龙科（Dimorphodontidae）及真双型齿翼龙科（Eudimorphodontidae）等，并非来自同一个祖先，而是人为地把它们硬凑在一起，不符合科学分类。因此，现在科学界已废弃了喙嘴龙亚目，改称非翼手龙类（Non-pterodactyloid）。而且，现有的化石记录也证明，长尾巴短脖子的非翼手龙类早在2亿2800万年前就已出现，而短尾巴长脖子的翼手龙类已知最早的化石记录是1亿6270万年前，两者并不是并列关系，而是先后关系。

81. 翼手龙类从非翼手龙类中演化出来时，有过渡类型吗？

有，悟空翼龙类（Wukongopterids）就是翼手龙类与非翼手龙类之间的过渡类型。

1亿6400万年前出现的悟空翼龙类，因同时具备非翼手龙类和翼手龙类的特征，而且在时间上也处于两者之间，所以，目前一些研究者认为，它们是翼手龙类从非翼手龙类中演化出来时的1个过渡类型，是联系两者的1个重要环节。

悟空翼龙类在系统分类上属于翼龙目（Pterosauria），悟空翼龙科（Wukongopteridae），包括悟空翼龙（*Wukongopterus*）、达尔文翼龙（*Darwinopterus*）、鲲鹏翼龙（*Kunpengopterus*）及尖头翼龙（*Cuspicephalus*）。此外，长城翼龙（*Changchengopterus*）和斗战翼龙（*Douzhanopterus*）是悟空翼龙类与翼手龙类之间的过渡类型。

82. 悟空翼龙是怎样的一种翼龙?

悟空翼龙是一种小型翼龙,翼展约73cm,生活在约1亿6500万年前的中侏罗世晚期,化石发现于中国辽宁省西部葫芦岛市建昌县玲珑塔镇附近。在系统分类上,属于悟空翼龙科(Wukongopteridae),悟空翼龙属(*Wukongopterus*)。目前仅发现1件带有头骨的接近完整的骨架化石(图134),1个种:李氏悟空翼龙(*Wukongopterus lii*),于2009年描述和命名。属名取自中国古典神话小说《西游记》中的英雄主角"孙悟空"和拉丁化希腊文"翅膀";种名献给中国科学院古脊椎动物与古人类研究所高级工程师李玉同,是他花费半年时间精心修整制备了这件研究标本。

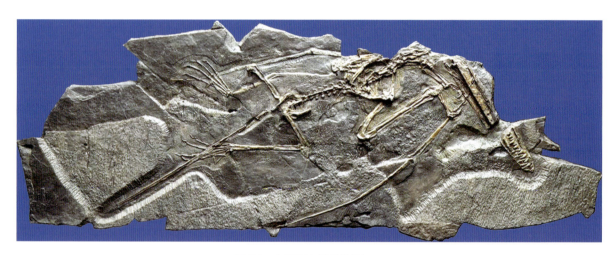

图134 李氏悟空翼龙化石
(Image Credit:dinosaurpictures.org)

悟空翼龙的不寻常之处是:既有非翼手龙类的长尾巴和第5脚趾第2趾节强烈弯曲特征,也有翼手龙类的喙端牙齿、上颌两侧至少各有16颗钉状牙齿、长脖子和长翼掌骨特征。因此,它被认为是非翼手龙类向翼手龙类演化的中间类型。此外,悟空翼龙两腿之间有尾皮膜翼。成年雄性个体可能有高大的头冠(图135),而成年雌性个体可能没有头冠或头冠低矮(图136)。

图135 李氏悟空翼龙复原图
（Image Credit：pteros.com）
（雄性成年个体可能有高大的头冠）

图136 李氏悟空翼龙的另一复原图
（Image Credit：uux.cn）
（雌性成年或幼年个体可能没有头冠）

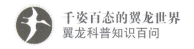

83. 达尔文翼龙是怎样的一种翼龙？

达尔文翼龙翼展约100cm，生活在1亿6089万～1亿6025万年前的中侏罗世晚期，化石发现于中国辽宁省西部葫芦岛市建昌县玲珑塔镇附近。在系统分类上，属于悟空翼龙科（Wukongopteridae），达尔文翼龙属（*Darwinopterus*）。目前已发现不同性别、年龄个体的化石超过30件，识别出3个种：模块达尔文翼龙（*Darwinopterus modularis*）于2010年2月描述和命名，玲珑塔达尔文翼龙（*Darwinopterus linglongtaensis*）于2010年12月描述和命名，粗齿达尔文翼龙（*Darwinopterus robustodens*）于2011年6月描述和命名。属名用来纪念生物演化论的首创者，英国生物学家查尔斯·达尔文（Charles Darwin, 1809—1882）诞辰200周年，以及他的划时代著作《物种起源》发表150周年。

3个种主要以牙齿的不同划分：模块达尔文翼龙的牙齿长钉状，玲珑塔达尔文翼龙的牙齿圆锥状，粗齿达尔文翼龙的牙齿粗壮。牙齿排列间距较宽，颌前端的牙齿比后面的大。不同的牙齿可能说明它们在演化中，为避免恶性竞争，分别占据不同的生态位置，适应不同的食物资源，主要捕食不同类型的昆虫，例如粗齿达尔文翼龙较粗壮的牙齿，可能适合吃硬壳甲虫。

达尔文翼龙最显著的特征是：原始的长尾巴和第5脚趾，与先进的长脖子和鼻眶前孔（antorbital fenestra）并存，是非翼手龙类向翼手龙类演化的中间类型。这也反映了一种生物的演化在整体上并不一致，而是分成多个模块分别演化，有的器官组织演化快，有的器官组织演化慢，造成一种生物体上出现原始模块与先进模块并存的现象。模块达尔文翼龙的种名就是由此而来的，玲珑塔达尔文翼龙的种名取自化石发现地，粗齿达尔文翼龙的种名取自它较粗壮的牙齿。

达尔文翼龙超过20节尾椎骨组成的长尾巴，第5脚趾有两个长趾节是原始的非翼手龙类的特征；头骨鼻孔和眶前孔合并成1个大的鼻眶前孔，5节不发育颈肋的颈椎组成的长脖子是先进的翼手龙类的特征（图137）。由于发现了带有蛋的雌性成年个体化石（图138），所以可确定：没有头冠、臀部较宽的个体是成年雌性；有头冠、臀部较窄的个体是成年雄性。但2015年，有研究者提出，那件带蛋的雌性成年个体化石不是达尔文翼龙，而是鲲鹏翼龙（*Kunpengopterus*），带的蛋不是1枚，而是两枚，由此提出翼龙有两条功能输卵管，每次孕育两枚蛋。如果真是这样，就进一步说明翼龙和拥有两条功能输卵管的恐龙、鳄、龟及蛇关系更近，而与只有1条功能输卵管的鸟类相差很远。鸟类每次只孕育1个蛋，更有利于减轻体重，适应飞行。

千姿百态的翼龙世界
翼龙科普知识百问

图137　模块达尔文翼龙化石
（Image Credit：en.wikimedia.org）
（头骨可见骨质冠痕迹，是成年雄性）

图138　成年雌性达尔文翼龙带有1枚蛋（黄圈内）的化石
（Image Credit：nationalgeographic.com）
（头骨没有冠）

雄性达尔文翼龙头骨有一条低矮的边缘呈锯齿状的骨质冠,锯齿状边缘可能有助于固定一个高大的、色彩鲜艳的角质或软组织冠(图139)。幼年个体和成年个体的翅膀与身体比例几乎一样,说明它们可能孵化出来不久就能飞行。它们的脚趾构造显示了地栖翼龙的特征,但不发达的后肢骨骼及细长的第5脚趾,说明它们并不善于在地面行走,而很可能像现代鸣禽那样是跳跃行动。

图139　模块达尔文翼龙成群飞翔在中侏罗世晚期的丛林湖泊上空
(Image Credit: illustrator.org.hk)

84. 鲲鹏翼龙是怎样的一种翼龙?

鲲鹏翼龙是小型翼龙,翼展85cm,生活在约1亿5400万年前的晚侏罗世,化石发现于中国辽宁省西部葫芦岛市建昌县玲珑塔镇附近。在系统分类上,属于悟空翼龙科(Wukongopteridae),鲲鹏翼龙属(*Kunpengopterus*),属名取自中国战国时期哲学家及文学家庄子的代表作《逍遥游》,关于北方巨大的鲲鱼变成巨大的鹏鸟飞向南方,追求自由的理想。迄今为止,至少已发现3件化石、2个种:中国鲲鹏翼龙(*Kunpengopterus sinensis*)于2010年描述并命名,种名取自它的化石发现国;对握鲲鹏翼龙(*Kunpengopterus antipollicatus*)于2021年描述并命名,种名取自它具有抓握能力的手指。

鲲鹏翼龙既保留原始特征：长而坚挺的尾巴和长而弯曲的第5脚趾；也出现进步特征：鼻孔和眶前孔合并成1个鼻眶前孔，还有长颈椎组成的长脖子。是非翼手龙类向翼手龙类演化的中间类型，鼻眶前孔仍被鼻突（processus nasalis）部分隔开。头骨长10.69cm，有一条低矮的骨质冠，活着时头上面长着较高大角质或软组织头冠，牙齿钉状，间距较宽（图140）。对握鲲鹏翼龙可能是一个树栖物种，善于爬树，拇指反向生长，与其他手指相对，具有抓握树枝或捕捉猎物的能力（图141、图142）。

图140　中国鲲鹏翼龙化石
（Image Credit：en.wikimedia.org）

千姿百态的翼龙世界
翼龙科普知识百问

图141 对握鲲鹏翼龙化石
(Image Credit: sci-news.com)
[拇指反向生长,与其他手指相对(黄圈内),
能抓握树枝或捕捉猎物]

图142 对握鲲鹏翼龙在树上捕蝉
(Image Credit: cbsistatic.com)

85. 尖头翼龙是怎样的一种翼龙？

尖头翼龙目前仅有1件不完整的头骨标本，下颌缺失，生活在1亿5570万～1亿5300万年前的晚侏罗世，化石发现于英格兰多塞特郡海岸边。在系统分类上，属于悟空翼龙科（Wukongopteridae），尖头翼龙属（*Cuspicephalus*）。1个种：斯卡弗氏尖头翼龙（*Cuspicephalus scarfi*），于2011年描述并命名。属名取自拉丁文"尖"和古希腊文"头"；种名取自英国漫画家杰拉尔德·斯卡弗（Gerald Scarfe），他的漫画人物以长鼻子著名，意指这种翼龙口鼻部很长。

尖头翼龙头骨呈狭长三角形，长326mm，后段高55mm。鼻孔和眶前孔合成1个鼻眶前孔，长度占头骨的一半。鼻眶前孔之前的口鼻部低矮狭长，鼻眶前孔与口鼻部的面积比例是已知翼龙中最大的。钉状牙齿，间距较宽。口鼻部前段牙齿最大，越往后越小。鼻眶前孔上方，有一条低矮的骨质冠，这是支撑更高大的角质或软组织头冠的基础（图143、图144）。

图143 尖头翼龙头骨化石
（Image Credit：dinodata.de）

图 144　尖头翼龙复原图
(Image Credit：pteros.com)

86. 斗战翼龙是怎样的一种翼龙？

斗战翼龙是一种小型翼龙，翼展约74cm，生活在1亿6089万～1亿6025万年前的晚侏罗世早期，化石发现于中国辽宁省葫芦岛市建昌县头道营子。在系统分类上，属于翼手龙形演化支（Pterodactyliformes），斗战翼龙属（*Douzhanopterus*）。目前仅有1件缺失头骨的成年个体骨架化石（图145），1个种：郑氏斗战翼龙（*Douzhanopterus zhengi*），于2017年描述并命名。属名取自中国古典神话小说《西游记》中的英雄孙悟空，护送唐三藏完成西天取经后，被封为"斗战胜佛"的故事，寓意悟空翼龙进一步演化成斗战翼龙；种名献给山东省天宇自然博物馆馆长郑晓廷，感谢他为本项研究提供馆藏标本。

斗战翼龙尾巴虽比翼手龙类的长一些，但明显比非翼手龙类的短得多，只有22节尾椎骨，而且每个尾椎的长度也缩短了。它的第5脚趾虽仍和非翼手龙类一样是两个趾节，但每个趾节都明显退化。在演化上，比悟空翼龙类更接近翼手龙类（图146）。

图 145　郑氏斗战翼龙化石
（Image Credit：en.wikimedia.org）

图 146　郑氏斗战翼龙复原图
（Image Credit：wixmp.com）

87. 翼龙的演化趋势是大型化吗？

是的。

从化石记录看，三叠纪的原始翼龙体形都较小，随着翼手龙类翼龙的出现，它的体形逐渐增大，到早白垩世，翼手龙类翼龙的体形明显大型化，有的翼展达到甚至超过5m，如三小齿捻船头翼龙（*Caulkicephalus trimicrodon*）、顾氏辽宁翼龙（*Liaoningopterus gui*）、凶恶塞阿腊翼龙（*Cearadactylus atrox*）、撒哈拉安卡翼龙（*Alanqa saharica*）、长冠妖精翼龙（*Tupuxuara longicristatus*）、长头无齿翼龙（*Pteranodon longiceps*）、朱氏莫干翼龙（*Monagopterus zhuiana*）（图74）、麦斯氏乔思腾伯格翼龙（*Goesternbergia maysei*）、矛颈神龙翼龙（*Azhdarcho lancicollis*）及午南脊颌翼龙（*Tropeognathus mesembrinus*）。到晚白垩世，出现翼展达到甚至超过10m的巨型翼龙（图66～图73）。

88. 捻船头翼龙是怎样的一种翼龙？

捻船头翼龙翼展约500cm，身长150～200cm，体重20～22kg，生活在约1亿3000万年前的早白垩世，化石发现于英格兰怀特岛。在系统分类上，属于翼手龙亚目（Pterodactyloidea），古魔翼龙科（Anhangueridae），捻船头翼龙（*Caulkicephalus*）。至少已发现9个骨骼化石碎块，包括头骨残部（图147），识别出1个种：三小齿捻船头翼龙（*Caulkicephalus trimi-*

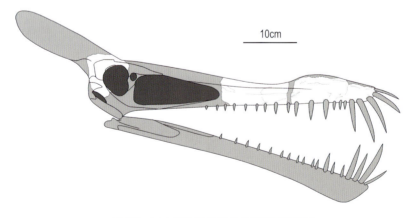

图147 三小齿捻船头翼龙头骨化石线描图
（Image Credit：en.wikimedia.org）
（灰色是缺失部分，黑色是孔洞）

crodon），于2005年描述并命名。属名取自怀特岛居民的传统绰号"捻船头"和古希腊文"头"；种名取自它的齿列中有3颗小牙齿的特点。

头骨有两个冠：头顶后上方1个冠，口鼻上1个冠（图148）。口鼻长约29cm，至少有14对牙齿，牙齿横断面为椭圆形。最前端两对牙齿向前龇，而大部分牙齿向两侧龇，最后面的牙齿垂直。最前面的几对牙齿很大，尤其第3对最大；第4、第8、第9、第10对牙齿与第1对牙齿大小相当；而第5、第6、第7对牙齿却明显变小，所以种名以此为名；第10对牙齿之后，越往后牙齿越小。推测捻船头翼龙主要捕食鱼类，口鼻前部错落有致的牙齿可咬住滑溜的鱼类身体。

图148　三小齿捻船头翼龙复原图
（Image Credit：imgix.net）

89. 辽宁翼龙是怎样的一种翼龙？

辽宁翼龙翼展约500cm，身长150~200cm，体重15~20kg，生活在约1亿2000万年前的早白垩世，化石发现于中国辽宁省西部的朝阳市。在系统分类上，属于翼手龙亚目（Pterodactyloidea），古魔翼龙科（Anhangueridae），辽宁翼龙属（*Liaoningopterus*）。目前仅有的1件化石标本包括1个残缺头骨、1枚颈椎骨（图149）及支撑皮膜翼的1节指骨。1个种：顾氏辽宁翼龙（*Liaoningopterus gui*），于2003年描述并命名。属名取自化石发现地所在省"辽宁"和拉丁化希腊文"翅膀"；种名献给中生代热河动物群研究先驱，中国科学院古生物学家顾知微。

头骨长约61cm，口鼻部长而尖，反映了它善于捕鱼的特性。靠近喙前端有1条低矮的半圆形骨质冠，长120mm，高17mm。牙齿长而强壮，上颌有20对，下颌有13对或14对，仅分布在上、下颌前部。齿列约占上、下颌长度的一半，上颌第1、第3对牙齿较小，第2、第4对牙齿很大，其中第4对牙齿最大，上颌第4对牙齿长41mm，下颌第4对牙齿长34mm，后面的牙齿都较小。牙齿长度差异如此大，可能存在新长出的替换牙齿。保存的1枚颈椎骨长46mm，高34mm。支撑皮膜翼的1节指骨长约50cm（图150）。

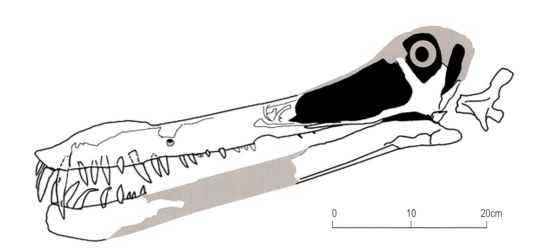

图149　顾氏辽宁翼龙头骨和颈椎骨化石线描图
（Image Credit: reptileevolution.com）
（灰色是缺失部分，黑色是孔洞）

千姿百态的翼龙世界
翼龙科普知识百问

图150　顾氏辽宁翼龙复原图
（Image Credit：pteros.com）

90. 塞阿腊翼龙是怎样的一种翼龙？

塞阿腊翼龙翼展可达550cm，身长150~200cm，体重15~20kg，生活在约1亿1200万年前的早白垩世，化石发现于巴西塞阿腊州阿拉里皮高原（Araripe Plateau）。在系统分类上，属于翼手龙亚目（Pterodactyloidea），古魔翼龙科（Anhangueridae），塞阿腊翼龙属（Cearadactylus）。目前仅发现1个不完整的头骨化石（图151），1个种：凶恶塞阿腊翼龙（Cearadactylus atrox），于1985年描述并命名。属名取自化石发现地所在州"塞阿腊"和古希腊文"手指"；种名取自拉丁文"可怕"，以体现它尖利凶残的牙齿。

头骨长而低，长约57cm。牙齿尖利，适合捕鱼。口鼻前端的牙齿比后面的牙齿大得多，长得多，相互交叉，可牢牢咬住滑溜的鱼类身体，下颌骨匙形（图151、图152）。

图151　凶恶塞阿腊翼龙头骨化石线描图
（Image Credit：reptileevolution.com）
（黑色是缺失部分）

图152　凶恶塞阿腊翼龙复原图
（Image Credit：nocookie.net）

91. 安卡翼龙是怎样的一种翼龙？

安卡翼龙翼展约600cm，身长150～200cm，体重20～30kg，生活在约9500万年前的晚白垩世早期，化石发现于摩洛哥东南部的贝加附近。在系统分类上，属于翼手龙亚目（Pterodactyloidea），神龙翼龙科（Azhdarchidae），安卡翼龙属（Alanqa）。仅发现上、下颌的5个碎片及1个可能的颈椎骨化石，1个种：撒哈拉安卡翼龙（Alanqa saharica），于2010年描述和命名。属名取自阿拉伯神话中的神鸟"安卡"；种名取自北非辽阔的撒哈拉大沙漠。它们的颌骨直而尖，没有牙齿，生活方式可能类似现代大型涉禽鹳鸟（Ciconia），在湿地捕猎（图153）。

图153 撒哈拉安卡翼龙在湿地降落
（Image Credit: washingtonpost.com）

92. 妖精翼龙是怎样的一种翼龙？

妖精翼龙翼展可达 600cm，身长 150～200cm，体重 20～30kg，生活在约 1 亿 1200 万年前的早白垩世，化石发现于巴西。在系统分类上，属于翼手龙亚目（Pterodactyloidea），神龙翼龙类（Azhdarchoidea），妖精翼龙属（Tupuxuara）。目前已发现不同物种、年龄、性别的头骨及其他骨骼化石多件，它们的头骨最显著的特征是有一顶很大的骨质冠，从口鼻部开始向后延伸，越来越高，直到头骨后方。口鼻前端尖，嘴里没有牙齿。

识别出 3 个种：

长冠妖精翼龙（*Tupuxuara longicristatus*），头冠较长（图154），于 1988 年描述并命名，属名取自巴西图皮神话中一种家喻户晓的妖精；种名取自拉丁文"长形头冠"。

莱昂纳尔迪氏妖精翼龙（*Tupuxuara leonardii*），头冠较圆（图155、图156），于 1994 年描述并命名。种名献给意大利化石采集家朱塞佩·莱昂纳尔迪（Giuseppe Leonardi）。

夺目钻石妖精翼龙（*Tupuxuara deliradamus*），具有独特的钻石形头骨孔洞和低眼窝，于 2009 年描述并命名。种名取自拉丁文"狂热"和"钻石"，源于平克·弗洛伊德（Pink Floyd）乐队的一首歌《夺目的钻石照耀你》（*Shine on You Crazy Diamond*），因为该化石的研究者是这个乐队的"粉丝"。

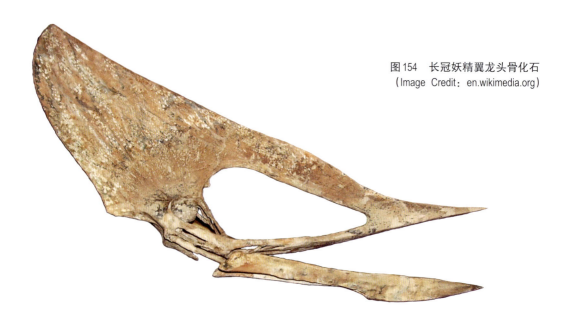

图154　长冠妖精翼龙头骨化石
（Image Credit：en.wikimedia.org）

图155　莱昂纳尔迪氏妖精翼龙头骨化石
（Image Credit：en.wikimedia.org）

图156　莱昂纳尔迪氏妖精翼龙复原图
（Image Credit：dinosaurpictures.org）

93. 无齿翼龙是怎样的一种翼龙？

无齿翼龙翼展可达725cm，身长可达200cm，体重可达30kg，生活在8600万~8450万年前的晚白垩世，化石发现于美国肯萨斯州、阿拉巴马州、内布拉斯加州、怀俄明州和南达科他州。在系统分类上，属于翼手龙亚目（Pterodactyloidea），无齿翼龙科（Pteranodontidae），无齿翼龙属（*Pteranodon*）。自1870年被发现以来，已发掘出超过1200个不同年龄、性别的个体化石，是已知的翼龙种类中最多的，其中不乏保存完好的头骨和骨架。早期的研究限于当时的科学水平，一度分类混乱。随着化石的积累和研究的深入，目前没有争议的种是长头无齿翼龙（*Pteranodon longiceps*），于1876年首次描述并命名。属名取自古希腊文"翅膀"和"没有牙齿"；种名取自它独特的长形头骨。

无齿翼龙体形大，有前端上翘的长颌，没有牙齿。最明显的特征是头骨后方有头冠，头冠由额骨向后上方延伸（图157）。不同年龄和性别的头冠，形状大小不同（图158）。成年雄性无齿翼龙，头冠大而长，骨盆较窄；成年雌性无齿翼龙，头冠小而短，骨盆较宽（图159）。翼形狭长，善于在海面长时间低空盘旋，每天大部分时间都在海上，捕食海洋表层鱼类及软体动物等，生活方式可能类似现代大型海鸟信天翁（*Diomedea*）（图160）。

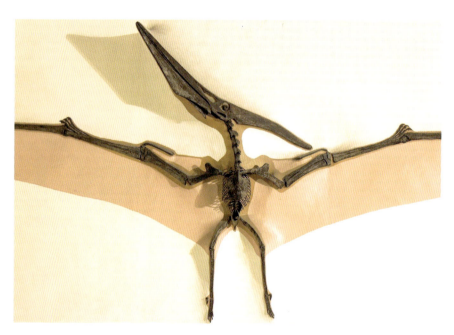

图157　美国耶鲁大学皮博迪自然历史博物馆为圣路易斯市1904年世界博览会制作的长头无齿翼龙复原骨架模型
（Image Credit：yale.edu）

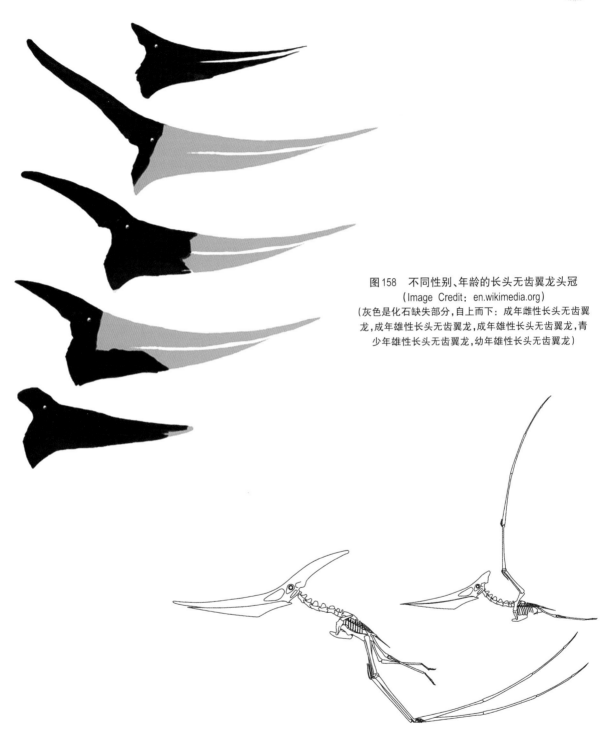

图158 不同性别、年龄的长头无齿翼龙头冠
（Image Credit：en.wikimedia.org）
（灰色是化石缺失部分，自上而下：成年雌性长头无齿翼龙，成年雄性长头无齿翼龙，成年雄性长头无齿翼龙，青少年雄性长头无齿翼龙，幼年雄性长头无齿翼龙）

图159 成年雄性和雌性长头无齿翼龙骨架线条图
（Image Credit：en.wikimedia.org）

图160　长头无齿翼龙复原图
（Image Credit：rbl.ms）

94. 乔斯腾伯格翼龙是怎样的一种翼龙？

乔斯腾伯格翼龙翼展大多300～600cm，最大可达725cm，身长约400cm，体重超过100kg，生活在8800万～8050万年前的晚白垩世，化石发现于北美。在系统分类上，属于翼手龙亚目（Pterodactyloidea），无齿翼龙科（Pteranodontidae），乔斯腾伯格翼龙属（*Goesternbergia*）。已发现不同性别和年龄的个体化石多件，曾长期被归入无齿翼龙属。分两个种：斯腾伯格氏乔斯腾伯格翼龙（*Goesternbergia sternbergi*）和麦塞氏乔斯腾伯格翼龙（*Goesternbergia maysei*）。

斯腾伯格氏乔斯腾伯格翼龙于1966年描述，起初命名斯腾伯格氏无齿翼龙（*Pteranodon sternberni*），后来的研究发现，它们与无齿翼龙差异明显，于2010年命名新属，属名和种名都是以最早发现这种翼龙化石的美国古生物学家乔治·斯腾伯格（George Sternberg）的姓氏命名，这种翼龙生活在8800万～8500万年前。

麦塞氏乔斯腾伯格翼龙于2010年描述和命名，它们生活在8150万～8050万年前。

乔斯腾伯格翼龙有长长的前端上翘的颌，没有牙齿。最明显的特征是头骨后方有头冠，头冠由额骨向后上方延伸（图161）。不同年龄、性别及物种的头冠，形状大小不同。成年雄性斯腾伯格氏乔斯腾伯格翼龙，头冠大而长；成年雄性麦塞氏乔斯腾伯格翼龙，头冠小而短。两个种的成年雌性头冠都较小，呈圆形（图162）。此外，雄性体型明显比雌性的大，约达1.5倍。雄性口鼻上有长而低矮的隆脊，骨盆较窄，而雌性口鼻上没有隆脊，骨盆

图161 斯腾伯格氏乔斯腾伯格翼龙复原骨架模型
(Image Credit: en.wikimedia.org)
(前面的是成年雄性,后面的是成年雌性)

图162 乔斯腾伯格翼龙头冠
(Image Credit: en.wikimedia.org)
[灰色是化石缺失部分,自上而下:成年雌性斯腾伯格氏乔斯腾伯格翼龙,成年雄性斯腾伯格氏乔斯腾伯格翼龙,成年雄性麦塞氏斯腾伯格翼龙,成年雌性或幼年雄性(?)斯腾伯格氏乔斯腾伯格翼龙]

较宽。从同一地点和层位发现的化石数量看,成年雄性个体较少,成年雌性个体较多,性别比例上类似现代海狮类(Otarriinae),是一夫多妻制,即成年雄性个体通过相互竞争(图163),占据一定的领地,成为一群成年雌性个体的主要交配者,繁殖的后代由雌性个体抚养,雄性个体只管守护自己的领地和妻子,没有抚养后代的习性。它有狭长的翅膀,善于长时间在海面低空盘旋,捕食海洋表层的各种鱼类及软体动物等(图164)。

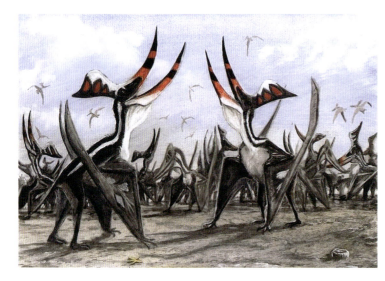

图163 成年雄性斯腾伯格氏乔斯腾伯格翼龙竞争领地和交配权
(Image Credit:dinodata.de)

图164 斯腾伯格氏乔斯腾伯格翼龙低空掠过海面捕猎
(Image Credit:archive.org)

95. 神龙翼龙是怎样的一种翼龙？

神龙翼龙翼展700～800cm，身长约400cm，体重超过100kg，生活在约9200万年前的晚白垩世早期，化石发现于中亚的乌兹别克斯坦及哈萨克斯坦。在系统分类上，属于翼手龙亚目(Pterodactyloidea)，神龙翼龙科(Azhdarchidae)，神龙翼龙属(Azhdarcho)。已发现的化石包括颈椎、颌，以及前、后肢骨，1个种：矛颈神龙翼龙(Azhdarcho lancicollis)，于1984年描述并命名。属名取自波斯文"神龙"；种名取自拉丁文"长矛"和"脖子"，具有神龙翼龙类特有的拉长形颈椎骨组成的长脖子(图165)。最初的研究者认为，它们捕食方式可能类似现代剪嘴鸥(Rynchops)：低空飞行掠过水面，伸出脖子，用勺子般的下颌舀起水里的鱼、虾等水生动物吞咽。但后来的研究者认为，它们并不是很善于飞行，而是经常在陆地行走，捕食小型脊椎动物、昆虫或蠕虫等。

图165　矛颈神龙翼龙复原图
（Image Credit：pteros.com）

96. 脊颌翼龙是怎样的一种翼龙？

脊颌翼龙翼展可达870cm，身长可达400cm，体重超过100kg，生活在约1亿1200万年前的早白垩世，化石发现于巴西东北部的阿拉里皮盆地（Araripe Basin）。在系统分类上，属于翼手龙亚目（Pterodactyloidea），古魔翼龙科（Anhangueridae），脊颌翼龙属（*Tropeognathus*）。已发现骨架及头骨化石多件（图166），目前确认1个种：午南脊颌翼龙（*Tropeognathus mesembrinus*），于1987年描述并命名。属名取自希腊文"脊"和"颌"；种名取自希腊普通话"正午"和"南方"。它最显著的特征是口鼻和下巴的前端都有突起的脊形冠，上颌冠比下颌冠更大，成年雄性的冠更发达。牙齿尖利，间距较宽，上下交叉，适合捕鱼。前5个背椎愈合成1个复合背椎，5个荐椎愈合成1个综合荐椎，身体更加紧凑，有利于飞行（图167）。

图166　午南脊颌翼龙头骨化石
（Image Credit：en.wikimedia.org）

图167　午南脊颌翼龙翱翔在水面上空
（Image Credit：fineartamerica.com）

97. 翼龙的冠有什么用？

翼龙的冠主要用于求偶、炫耀和警示。

翼龙头上或嘴上长着冠是较普遍的现象，特别是成年雄性的冠更发达，甚至有些冠的形状和大小已经发育到变态的程度，可能已经妨碍到它们日常飞行和行走。既然这样，冠为什么还会在演化过程中保留下来呢？ 其实，这种现象在现代动物中也不少见，如雄性蓝孔雀（*Pavo cristatus*）花里胡哨的大尾羽，飞行时拖在后面又重又碍事；雄性马鹿（*Cervus elaphus*）枝枝叉叉的大犄角，穿越树林时磕磕碰碰很不方便。但这种累赘给它们带来的好处是在种内竞争交配权时，更能吸引雌性，优先获得交配，保证自己的基因延续。雄性翼龙的冠或许也是这样，在交配季节很可能还会呈现鲜艳的色彩，而且形状越夸张，色彩越鲜艳，越能吸引雌性。另外，它还可能具有向同类炫耀和发信号的功能。

有的研究者还试图从流体力学上解释翼龙的冠，认为它们相当于飞机和导弹上的翼片或方向舵，在飞行中有稳定或控制方向的作用，而嘴上的冠在下水捕食时可分开水流。但实际上翼龙的飞行主要靠翼面的活动稳定和控制方向，非翼手龙类翼龙还有一条尾巴协助，没有冠的翼龙照样能很好地飞行，也不影响它们把嘴插进水里。

长着奇形怪状冠的翼龙很多，如古神翼龙（*Tapejara*）、雷神翼龙（*Tupandactylus*）、美神翼龙（*Caupedactylus*）、掠海翼龙（*Thalassodromeus*）、凯瓦翼龙（*Caiuajara*）和夜翼龙（*Nyctosaurus*）等。

98. 古神翼龙是怎样的一种翼龙？

古神翼龙翼展约350cm，生活在约1亿1200万年前的早白垩世，化石发现于巴西阿拉里皮高原（Araripe Plateau）。在系统分类上，属于翼手龙亚目（Pterodactyloidea），古神翼龙科（Tapejaridae），古神翼龙属（*Tapejara*）。已发现的化石包括近乎完整的头骨及骨架（图168）。目前大部分研究者公认的只有1个种：沃尔赫费尔氏古神翼龙（*Tapejara wellnhoferi*），于1989年描述并命名。属名取自图皮语"古老的存在"；种名献给德国古生物学家彼得·沃尔赫费尔（Peter Wellnhofer）。它头骨的口鼻上有一个半圆形的冠，还有一个向后延伸到脑后的骨质突起，嘴里没有牙齿，下颌前端下面突起（图169）。有研究者对比了古神翼龙、鸟类和爬行动物的巩膜环，认为古神翼龙的活动不分昼夜，休息时间短暂。

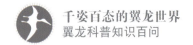

图168 沃尔赫费尔氏古神翼龙化石
(Image Credit:en.wikimedia.org)

图169 沃尔赫费尔氏古神翼龙复原图
(Image Credit:en.wikimedia.org)

99. 雷神翼龙是怎样的一种翼龙？

雷神翼龙翼展约500cm，生活在约1亿1200万年前的早白垩世，化石发现于巴西阿拉里皮高原（Araripe Plateau）。在系统分类上，属于翼手龙亚目（Pterodactyloidea），古神翼龙科（Tapejaridae），雷神翼龙属（*Tupandactylus*）。已发现至少4个几乎完整的头骨化石。目前包括2个种：皇帝雷神翼龙（*Tupandactylus imperator*），于1997年描述并命名；帆冠雷神翼龙（*Tupandactylus navigans*），于2003年描述并命名。起初它们都归入古神翼龙属，但后来因它们的特征与古神翼龙差异较大，所以另建一个属，属名取自图皮神话的雷神"图潘（Tupan）"和古希腊文"手指"。

雷神翼龙没有牙齿，具有奇特的大型头冠。头冠前部骨质，由口鼻上向后升高，延伸出的两根细长骨棒，一根向上向后延伸，另一根向后延伸，两根骨棒支撑一大片类似角质的软组织，软组织占了头冠的绝大部分。皇帝雷神翼龙的头冠呈宽大的三角状（图170、图171），帆冠雷神翼龙头冠呈高高的陡直圆顶状（图172、图173），下颌前端下面强烈突起。

图170　皇帝雷神翼龙头骨化石
（Image Credit：en.wikimedia.org）

图171　皇帝雷神翼龙飞翔在早白垩世的蓝天
（Image Credit：gettyimages.com）

千姿百态的翼龙世界
翼龙科普知识百问

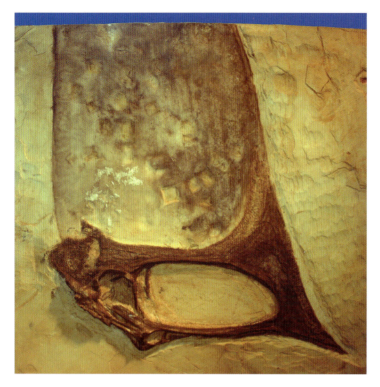

图172　帆冠雷神翼龙头骨化石
（Image Credit：en.wikimedia.org）

图173　帆冠雷神翼龙复原图
（Image Credit：en.wikimedia.org）

100. 美神翼龙是怎样的一种翼龙？

美神翼龙翼展约330cm，生活在约1亿1000万年前的早白垩世，化石发现于巴西东北部的阿拉里皮盆地(Araripe Basin)。在系统分类上，属于翼手龙亚目(Pterodactyloidea)，古神翼龙科(Tapejaridae)，美神翼龙属(*Caupedactylus*)。已发现的化石包括完整的头骨(图174)和不完整的骨架，确定1个种：天居美神翼龙(*Caupedactylus ybaka*)。属名取自图皮神话的美神"考帕"(Caupe)和古希腊文"手指"；种名取自化石发现地点方言"空中住宅"。美神翼龙是已知最大的古神翼龙类，头骨长约46cm，大嘴没有牙齿，口鼻上有一个大而圆的冠，一直延伸到后脑勺，冠上部很薄，仅约0.5mm厚，冠的软组织部分更高大，可能呈现鲜艳的色彩(图175)。

图174 天居美神翼龙头骨化石
（Image Credit：en.wikimedia.org）

图175 天居美神翼龙在飞行
（Image Credit：dinofan.com）

101. 掠海翼龙是怎样的一种翼龙?

掠海翼龙推测翼展近450cm,身长约180cm,体重约14kg,生活在约1亿1000万年前的早白垩世,化石发现于巴西东北部阿拉里皮盆地(Araripe Basin)。在系统分类上,属于翼手龙亚目(Pterodactyloidea),神龙翼龙演化支(Azhdarchoidea),掠海翼龙属(*Thalassodromeus*)。目前仅发现头骨化石(图176),确定的只有1个种:赛斯掠海翼龙(*Thalassodromeus sethi*),于2002年描述并命名。属名意思是"海上奔跑者";种名取自埃及神话的沙漠神"赛斯(Seth)"。因为最初的研究者以为它的头冠与赛斯的冠冕相似,但实际上弄错了,应该是与埃及太阳神"阿蒙(Amun)"的冠冕相似(图177)。

赛斯掠海翼龙头骨高约140cm,头冠巨大,占头骨的3/4,比例之高,也是有史以来已知所有动物中数一数二的。骨质头冠薄如刀片,从上颌尖端向上、向后延伸超过后脑勺,末端呈独特的"V"形凹口。头冠表面可见纵横交错的沟槽,推测是发达的血管系统,可能有调节体温或使冠表面软组织呈现鲜艳色彩的功能。上、下颌都没有牙齿,但具有锋利的边缘,类似剪刀。颌部结构显示它的咬合力强大,能捕食陆地小型动物及水生贝类和甲壳类动物,并非当初以为的只会像现代剪嘴鸥(*Rynchops*)那样贴近水面快速掠过,捕食小鱼、小虾。

图176 赛斯掠海翼龙头骨化石
(Image Credit:dinosaurpictures.org)

图177 赛斯掠海翼龙复原图
(Image Credit:carnegiemnh.org)

102. 凯瓦翼龙是怎样的一种翼龙?

  凯瓦翼龙翼展可达235cm,生活在约8500万年前的晚白垩世,化石发现于巴西南部的西克鲁塞罗(Cruzeiro do Oeste)附近。在系统分类上,属于翼手龙亚目(Pterodactyloidea),古神翼龙科(Tapejaridae),凯瓦翼龙属(*Caiuajara*)。已发现许多不同年龄、性别和个体的头骨、骨架化石(图178),确定1个种:道布鲁斯基氏凯瓦翼龙(*Caiuajara dobruskii*),于2014年描述和命名。属名取自化石埋藏的地层凯瓦群(Caiuá Group);种名取自化石的发现人亚历山大·道布鲁斯基(Alexandre Dobruski)。显著特征是大脑袋,嘴里没有牙齿,口鼻上有一个鲨鱼背鳍状的冠,成年雄性的冠特别大,下颌前端下面突起(图179、图180),群居生活。

图178 数以百计不同年龄和性别的凯瓦翼龙埋葬在一起,它们头骨破碎,骨架散乱,可能遭遇了突如其来的洪水,被冲到这里堆积在一起
(Image Credit:bones-nat-geo.ru)

图179 道布鲁斯基氏凯瓦翼龙头骨化石
(Image Credit:en.wikimedia.org)

图180　道布鲁斯基氏凯瓦翼龙在蓝天飞翔
(Image Credit：imgix.net)

103. 夜翼龙是怎样的一种翼龙？

夜翼龙翼展通常约200cm，身长约37cm，体重约1860g，生活在8500万～8450万年前的晚白垩世，化石发现于美国中—西部。在系统分类上，属于翼手龙亚目(Pterodactyloidea)，夜翼龙科(Nyctosauridae)，夜翼龙属(*Nyctosaurus*)。已发现保存完好程度不一的头骨和骨架化石多件，虽然先后命名了4个种，但目前确定的只有2个种：纤细夜翼龙(*Nyctosaurus gracilis*)，于1876年描述和命名；侏儒夜翼龙(*Nyctosaurus nanus*)，于1881年描述和命名。属名取自希腊神话的黑夜女神"尼克斯(Nyx)"和古希腊文"蜥蜴"；种名取自它的形态特征。

夜翼龙的嘴长而尖，没有牙齿。头骨上最显著的特征是长着一个杆状大型冠，成年个体的冠至少高55cm，与身体其他部分比起来，显得不成比例的巨大，超过身长，至少是头骨长度的3倍。这个冠由两个长杆组成，从一个共同的基部杆生长起来，一个向上，至少长42cm，另一个向后，至少长32cm(图181)。关于这种杆状冠的功能，起初一些研究者假设，两个杆之间可能有皮膜相连,形成帆状构造,飞行时用于稳定方向(图182)。但后来的研究发现,这两个杆表面并没有皮膜附着的痕迹,确定并不存在这种帆状构造,杆状冠的用途仅仅是种内的炫耀和求偶(图183)。

夜翼龙的翅膀非常狭长,类似现代海鸟信天翁(*Diomedea*),从空气动力学上看,它的展弦比和翼面积都很大,适合低频率扇动翅膀和滑翔,进行长时间、长距离飞行。有的研究者根据完整的夜翼龙化石标本推算它的体重和翼面积,计算翼载;再根据推算的肌肉组织,计算飞行动力;最终算出纤细夜翼龙以巡航速度飞行,每秒9.6m,即每小时34.5km。它们可在晚白垩世的北美浅海上空长时间盘旋飞行,捕食鱼类和其他小型海洋动物。

图181 纤细夜翼龙头骨化石
(Image Credit: en.wikimedia.org)

图182 纤细夜翼龙头冠呈帆状的复原图
(Image Credit: amnh.org)

图183 纤细夜翼龙头冠呈杆状的复原图
（Image Credit：lyon.fr）

104. 为什么翼龙的嘴千奇百怪？

这是不同翼龙为占据各自的生存空间，适应各自所能获取的食物，进行相应演化的结果。

例如，阿蒙氏蛙嘴翼龙（Anurognathus ammoni）大而宽的嘴，长着钉子般的小牙齿，以捕食昆虫为主；猎手鬼龙（Guidraco venator）长而尖的嘴，前端交叉龇出的锋利长牙，可像鱼叉那样刺穿滑溜溜的鱼类或软体动物；魏氏准噶尔翼龙（Dsungaripterus weii）尖而上翘的嘴，前部没有牙齿，可用于挑出岩石裂缝或浅水底及岸滩泥沙里的蠕虫、软体动物或甲壳动物，再用后部两排瘤状牙齿咬碎咀嚼；阿凡达伊克兰翼龙（Ikrandraco avatar）长而大的嘴,下巴有个向下突起的脊,后面有个口袋,可在水里捞鱼吃,或带回家给自己的小宝宝吃;圭纳祖氏南翼龙(*Pterodaustro guinazui*)长而上翘的嘴,下颌长着刷子状的牙齿,可滤食水里的小型甲壳动物;临海浙江翼龙(*Zhejiangopterus linhaiensis*)大而尖的嘴,没有牙齿,以啄食吞咽的方式吃东西等(图184)。

图184　翼龙千奇百怪的嘴
(Image Credit: deviantart.com, fon.com, cdn-japantimes.com, dinosaurpictures.org, imgix.net)
(上左,阿蒙氏蛙嘴翼龙;上右,猎手鬼龙。中左,魏氏准噶尔翼龙;中右,阿凡达伊克兰翼龙。下左,圭纳祖氏南翼龙;下右,临海浙江翼龙)

105. 为什么说猎手鬼龙是捕鱼能手?

因为它们的嘴前端上下交错的尖利长牙构成了一个有效的抓捕器,即使是身体滑溜溜的鱼类,也难逃它鱼叉般致命的利齿。

鬼龙翼展可达300cm,生活在约1亿2000万年前的早白垩世,化石发现于中国辽宁省西部的凌源市四合屯附近。在系统分类上,属于翼手龙亚目(Pterodactyloidea),古魔翼龙科(Anhangueridae), 鬼龙属(*Guidraco*)。现有的唯一化石标本,包括1个近乎完整的头骨及相连的第2至第5共4节颈椎骨(图185),1个种:猎手鬼龙(*Guidraco venator*),于2012年描述并命名。属名取自中文汉语拼音"鬼"和拉丁文"龙";种名取自拉丁文"猎手"。头骨长38cm,长而直的嘴,前额有1个稍微前倾的圆顶高冠,鼻眶前孔占头骨长度的1/4。共有82颗牙齿,前面几颗特别长而尖利,上下相互交错,向前向外龇出,后面的牙齿变小。颈椎两侧有气囊孔,有助于飞行。猎手鬼龙化石附近保存一些粪化石,含许多鱼骨残骸,从而推断它们以捕食鱼类为主(图186)。而且,化石埋藏地层广泛分布湖泊沉积物,保存许多长头吉南鱼(*Jinanichthys longicephalus*)、辽宁中华弓鳍鱼(*Sinamia liaoningensis*)、潘氏北票鲟(*Peipiaosteus pani*)和刘氏原白鲟(*Protopsephurus liui*)等鱼类化石,说明当时猎手鬼龙生活在大湖周边,食物资源丰富。

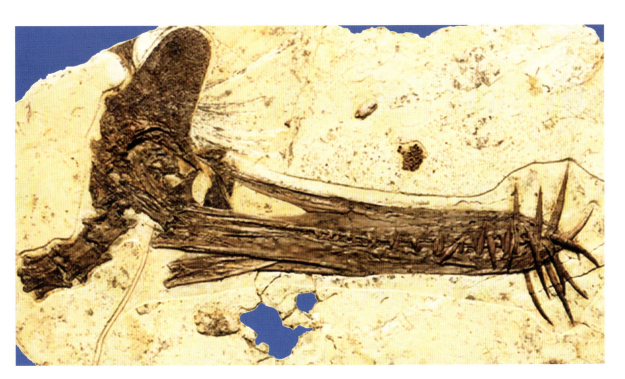

图185 猎手鬼龙头骨化石
(Image Credit:img.com)

图186　两只猎手鬼龙在湖上捕鱼
（Image Credit：publy.ru）

106. 为什么说阿凡达伊克兰翼龙的下巴有个口袋？

因为它们的下颌冠后部有一个钩状转折，由此推断这是下颌袋囊的依托。

伊克兰翼龙翼展约150cm，生活在约1亿2000万年前的早白垩世，化石发现于英国剑桥和中国辽宁省西部。在系统分类上，属于翼手龙亚目（Pterodactyloidea），矛嘴翼龙科（Lonchodraconidae），伊克兰翼龙属（*Ikrandraco*）。目前多数研究者认可的有2个种：阿凡达伊克兰翼龙（*Ikrandraco avatar*），已发现2件不完整骨架，包括较完整的头骨、部分颈椎、胸骨、前肢和足的残部，于2014年描述，2020年正式命名。属名取自2009年上映的故事影片《阿凡达》（*Avatar*）里纳美人骑乘的龙形飞行动物"伊克兰（Ikran）"和拉丁文"龙"；种名取自那部电影的主人公"阿凡达"。另1个种是刀喙伊克兰翼龙（*Ikrandraco machaerorhynchus*），只有残缺的颌骨化石，于1870年首次描述，因化石过于残破，在分类上几经周折，目前归入伊克兰翼龙属，种名取自古希腊文"军刀"和"颌"。

伊克兰翼龙最引人注目的是上颌没有冠,而下颌前端有一个向下突起的半圆形脊,几乎占据下颌长度的一半,更有趣的是这个脊后端有一个钩状转折(图187),可能是类似现代水禽鹈鹕(*Pelecanus*)下颌袋囊的依托,由此推断伊克兰翼龙很可能采用掠水捕食方式,捕捉靠近水面游泳的鱼类等水生动物,或当场吃掉或兜在袋囊里带回巢穴(图188)。伊克兰翼龙还有个特征是细长的牙齿都长在上、下颌边缘。

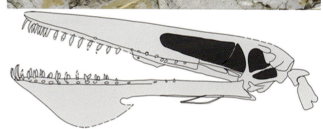

图187　阿凡达伊克兰翼龙头骨化石
（Image Credit：Wang et al.）

图188　阿凡达伊克兰翼龙在湖上捕食
（Image Credit：sci-news.com）

107. 为什么说南翼龙的牙齿最多？

因为它们有上千颗牙齿，是翼龙中牙齿最多的。

成年的南翼龙翼展约250cm，生活在约1亿零500万年前的早白垩世，化石发现于南美洲。在系统分类上，属于翼手龙亚目（Pterodactyloidea），梳颌翼龙科（Ctenochasmatidae），南翼龙属（Pterodaustro）。已发现化石多件，其中至少2件头骨及骨架保存较完好（图189）。1个种：圭纳祖氏南翼龙（Pterodaustro guinazui），于1970年描述并命名。属名取自古希腊文"翅膀"和拉丁文"南方"，意思是"南方之翼"；种名献给阿根廷古生物学家罗曼·圭纳祖（Román Guiñazú）。

南翼龙头骨很长，达29cm。长长的口鼻和下颌向上弯曲翘起，下颌约有1000颗刷子状牙齿，可用于从水中过滤食物。这些牙齿长约3cm，具有一定的柔韧性，可弯曲达45°，横切面椭圆形，宽0.2～0.3mm，平行长在下颌两侧边缘的凹槽里，闭嘴时露在外面，长长的

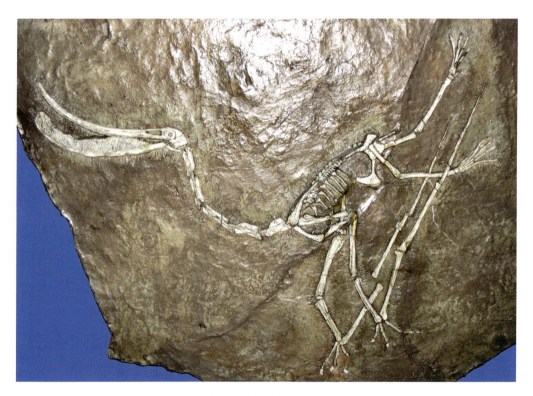

图189　圭纳祖氏南翼龙化石
（Image Credit：en.wikimedia.org）

竖起在上颌两边(图190)。起初,有研究者怀疑这些像毛刷子似的东西不是真正的牙齿,但后来的研究确定它们的构造和正常的牙齿一样,外面有牙釉质,里面是齿质,还有1根牙髓。上颌牙齿呈细小的球面状,可用于捣碎有外壳的食物,由此推定,南翼龙主要以过滤水中的小型甲壳类动物为食。还有研究者认为南翼龙是在贴近水面飞行时把下颌伸进水里滤食,但后来的研究发现,水的阻力足以把它们的下颌拉脱臼,它们实际上是站在浅水里,把长而翘的嘴伸进水里过滤食物吃,就像现代滤食水禽火烈鸟科(Phoenicopteridae)鸟类那样。

南翼龙由于所吃的食物与现代火烈鸟相似,很可能也会导致它们的皮肤毛色与火烈鸟一样呈粉红色。另外,它们的巩膜环化石显示,它们的特征与现代夜行鸟类和爬行动物相似,由此推测,它们主要在夜间出来进食。南翼龙脖子和躯干长,但腿却相对较短,这种体形很不利于起飞。它们也许只能在开阔地以四肢狂奔的方式,进行低角度起飞,就像现代雁形目(Anseriformes)鸟类,如天鹅(*Cygnus*)那样。

图190　圭纳祖氏南翼龙复原图
(Image Credit:imgix.net)

108. 为什么说浙江翼龙是以啄食吞咽方式吃东西？

因为它们嘴里没有牙齿，类似现代鸟类，所以采取啄食吞咽方式进食。

浙江翼龙翼展约350cm，生活在约8150万年前的晚白垩世，化石发现于中国浙江省临海市。在系统分类上，属于翼手龙亚目（Pterodactyloidea），神龙翼龙科（Azhdarchidae），浙江翼龙属（*Zhejiangopterus*）。已发现6件化石，包括较完整的1个头骨（图191，左）和1件缺失头骨的骨架（图191，右）。1个种：临海浙江翼龙（*Zhejiangopterus linhaiensis*），于1994年描述并命名。属名取自汉语拼音"浙江"和古希腊文"翅膀"，即"浙江之翼"；种名取自汉语拼音"临海"。

浙江翼龙是一种中型翼龙，头骨长而低，前颌上部至颅后端浑圆，没有冠和脊，鼻眶前孔大，卵形，约占头骨长度的一半。嘴长而尖，没有牙齿。长脖子，由7节细长颈椎骨组成。6个背椎形成联合背椎，荐椎愈合，尾极短。躯干紧凑，有利于飞行时控制重心。胸骨薄，有龙骨突，有利于附着发达的胸肌；前肢强壮，肱骨粗短，三角嵴发育，有利于附着发达的上臂肌。发达的胸肌和上臂肌适合扇动翅膀进行动力飞行，腹部6组"人"字形腹肋。翼掌骨长于尺骨、桡骨。股骨细长，几乎是肱骨的1.5倍（图192）。

图191　临海浙江翼龙头骨（左）和骨架（右）化石
(Image Credit：Cai Zhengquan)

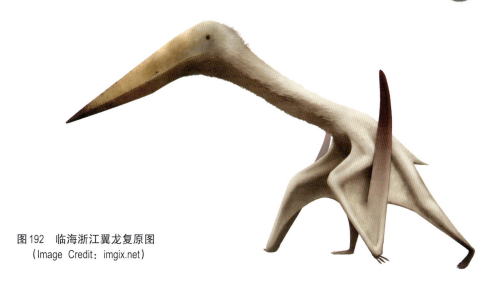

图192 临海浙江翼龙复原图
(Image Credit:imgix.net)

109. 翼龙怎么行走？

翼龙不可能总是在飞行，最终还是要降落。根据翼龙足迹化石研究发现，它们降落在地上后，行走方式有多种，或四肢迈步行走，或两足迈步行走，或四肢跳跃行走，或两足跳跃行走等。采用哪种方式行走，要看当时的具体情况而定（图193、图194）。

图193 约1亿9500万年前的早侏罗世，双型齿翼龙在森林中四肢跳跃行走
(Image Credit:en.wikimedia.org)

图194　约6800万年前的晚白垩世，巨大的风神翼龙一家子，在蕨类丛生的山野四肢迈步行走觅食，捉住一只幼年蜥脚类恐龙
（Image Credit：en.wikimedia.org）

110. 翼龙是群居动物吗？

化石记录证明，许多翼龙种类是群居动物。

翼龙的生态位置类似现代的鸟类，行为特征也类似。许多翼龙种类都是成群活动，因为这样比单独活动更有利于在觅食、育雏及迁徙时相互照应。例如，发现于中国新疆准噶尔盆地乌尔禾的早白垩世翼龙足迹化石显示，在长约125cm、宽约25cm、面积约0.3m²的灰绿色细砂岩表面，分布着114个足迹，其中前、后肢足迹各57个（图195）。根据足迹大小和形态特征分析，是复齿湖翼龙（*Noripterus complicidens*）四足行走留下的，足迹密度高达每平方米365个，而且大小不一。说明当时这里就像一个湖翼龙的社区，许多不同家庭、不同年龄段的湖翼龙群居在一起，在湖边沙滩上留下了这么多的足迹（图196）。

图195　新疆准噶尔盆地早白垩世复齿湖翼龙足迹化石
(Image Credit：cctv.com)

图196　新疆准噶尔盆地早白垩世复齿湖翼龙群居生态复原图
(Image Credit：cctv.com)

111. 湖翼龙是怎样的一种翼龙？

湖翼龙成年翼展可达400cm，生活在约1亿年前的早白垩世，化石发现于中国新疆准噶尔盆地乌尔禾地区。在系统分类上，属于翼龙目（Pterosauria），翼手龙亚目（Pterodactyloidea），准噶尔翼龙科（Dsungaripteridae），湖翼龙属（*Noripterus*）。属名取自蒙古文"湖泊"和古希腊文"翅膀"，即"湖之翼"。已发现化石多件，其中包括头骨及不完整骨架

（图197）。2个种：复齿湖翼龙（*Noripterus complicidens*），于1973年描述并命名；娇小湖翼龙（*Noripterus parvus*），于1982年描述，起初命名娇小惊恐翼龙（*Phobetor parvus*），后发现实际上是湖翼龙。

湖翼龙类似同时代、同地点生活的准噶尔翼龙，不同的是湖翼龙的长嘴前端尖而直，没有像准噶尔翼龙那样向上翘。头冠从口鼻上延伸到后脑勺顶，颈椎细长，嘴前端没有牙齿，后部牙齿发育良好，间隔较大。肢骨粗壮，骨壁厚，更适合在地面活动。

图197　湖翼龙化石
（Image Credit：everythingdinosaur.co.uk）

112. 翼龙蛋和胚胎是什么样的？

翼龙蛋和胚胎究竟是什么样的？长期不为人知。这个谜团直到翼龙被发现近200年后，才被解开。

2004年中国科学院报道，在中国辽宁省西部，发现保存有翼龙胚胎的早白垩世蛋化石，这是世界上首次发现翼龙蛋和胚胎化石。蛋的纵剖面呈椭圆形，长53mm，宽41mm。里面的胚胎骨骼化石显示，这只小翼龙已接近发育完成，即将破壳而出。它折叠双翼，蜷缩身体，皮膜翼纤维和大片皮肤印痕保存完好（图198）。经鉴定，属于秀丽郝氏翼龙（*Haopterus gracilis*）。

图198　秀丽郝氏翼龙胚胎化石(中、右)及其复原图(左)
(Image Credit：creation.com)

2017年中国科学院又报道,在中国新疆哈密盆地,发现早白垩世天山哈密翼龙(*Hamipterus tianshanensis*)散乱的骨骼和大约300枚蛋堆积在一起的化石(图199)。化石全部三维立体保存,蛋呈扁椭球形,蛋壳有韧性变形现象,长大多约60mm,宽20~30mm(图200),其中16枚保存有胚胎化石(图201)。这种蛋的外壳不是刚性的,而是韧性的,类似羊皮纸质,是一种软壳蛋,不易碎裂(图202)。散乱的翼龙骨骼和蛋在一起保存为化石,说明当时突发特大暴雨,引发山洪和泥石流,冲入哈密翼龙在湖边沙滩或湖中小岛的筑巢聚居地,大大小小的哈密翼龙一起被冲走,在低洼区被泥沙快速掩埋,最终形成化石。由此可见,当时这些翼龙依托湖泊筑巢、产卵、育雏,以捕鱼为生(图203)。

图199　天山哈密翼龙散乱的骨架和大约300枚蛋的化石
(Image Credit：strangesounds.org)

图200 天山哈密翼龙蛋化石
（Image Credit：yimg.com）
（蛋壳呈韧性变形，显然是一种软壳蛋）

图201 天山哈密翼龙蛋里的胚胎头骨及骨架化石
（Image Credit：yimg.com）

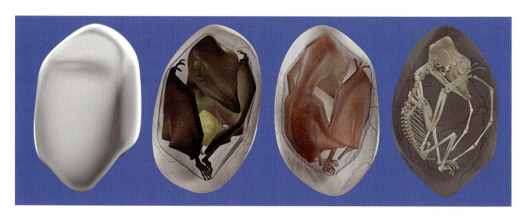

图202 天山哈密翼龙胚胎在软壳蛋里的电脑3D模型
（Image Credit：artstation.com）

图203 天山哈密翼龙守护着蛋和刚出壳的幼雏
(Image Credit:nationalgeographic.fr)

113. 郝氏翼龙是怎样的一种翼龙?

郝氏翼龙翼展约135cm,生活在约1亿2460万年前的早白垩世,化石发现于中国辽宁省西部。在系统分类上,属于翼龙目(Pterosauria),翼手龙亚目(Pterodactyloidea),郝氏翼龙属(*Haopterus*)。已发现多件化石,包括较完整头骨及骨架化石(图204)。现有1个种:秀丽郝氏翼龙(*Haopterus gracilis*),于2001年描述并命名。属名献给中国古生物学家郝诒纯,由汉语拼音"郝"和古希腊文"翅膀"构成;种名取自拉丁文"纤秀苗条"。

郝氏翼龙头骨长约145mm,低而长,不发育头冠。嘴尖,上、下颌前部各发育12颗向后弯曲的尖锐牙齿,适合捕食鱼类。前肢粗壮,翼掌骨较长,胸骨及龙骨突发达,善于飞行(图205)。后肢弱小退化,不善于陆地行走。

图204 秀丽郝氏翼龙化石
(Image Credit:nmns.edu.tw)

图205　秀丽郝氏翼龙在早白垩世的湖泊山林上空飞翔
（Image Credit：guancha.cn）

114. 哈密翼龙是怎样的一种翼龙？

　　成年的哈密翼龙翼展可达350cm，幼年个体翼展十几厘米，生活在1亿多年前的早白垩世，化石发现于中国新疆哈密盆地。在系统分类上，属于翼龙目（Pterosauria），翼手龙亚目（Pterodactyloidea），哈密翼龙属（*Hamipterus*）。已发现至少40多件化石，包括不完整的头骨（图206）和骨架，以及数以百计的蛋化石（图199）。目前仅1个种：天山哈密翼龙（*Hamipterus tianshanensis*），于2014年描述并命名。属名取自化石发现地点"哈密"和古希腊文"翅膀"；种名取自附近的天山。

　　头骨狭长，上、下颌全长度排列间距较宽的锥状牙齿，适合捕鱼。长嘴向前逐渐变尖，但在最前端又稍微变宽，呈钳子状。具有长条形骨质头冠，从口鼻上面靠近前端处开始生出，一直延伸到头骨后上部，头冠前高后低，具有垂直排列、向前弯曲的沟槽，是软组织附着处。成年雄性个体头冠高大,附着的软组织可能有鲜艳的色彩,用以吸引雌性。成年雌性个体也有头冠,但比雄性的低矮。双翼窄而长,善于长时间在水面上空飞行,捕食鱼类。

图206　天山哈密翼龙头骨化石
(Image Credit:en.wikimedia.org)

图207　天山哈密翼龙生态复原图
(Image Credit:publicbroadcasting.net)

115. 翼龙会凫水和潜水吗？

捕鱼的翼龙几乎都会像现代水鸟那样凫水和潜水。

根据翼龙化石研究，许多捕鱼的翼龙脚趾之间有蹼，可在水里游泳（图208、图209）。它们既可低空飞掠过水面，用长嘴叼起贴近水面游泳的猎物（图210），也可对准水下一定深度的猎物迅速俯冲入水实施捕捉（图211）。

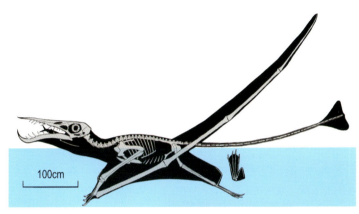

图208 约1亿5000万年前晚侏罗世的明斯特氏喙嘴龙（*Rhamphorhynchus muensteri*）骨架化石显示，它们可能会用蹼脚在水里游泳
（Image Credit：deviantart.com）

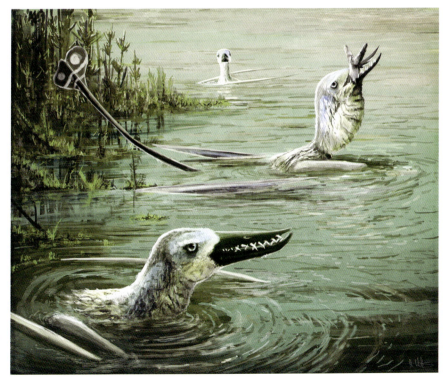

图209 明斯特氏喙嘴龙在晚侏罗世的湖泊里凫水捕鱼
（Image Credit：markwitton.com）

千姿百态的翼龙世界
翼龙科普知识百问

图210 约1亿5000万年前晚侏罗世的明斯特氏喙嘴龙,低空掠过水面用长满利齿的长嘴捕食
（Image Credit：en.wikimedia.org）

图211 约8600万年前晚白垩世的坎扎道恩翼龙（*Dawndraco kanzai*）和王室黄昏鸟（*Hesperornis regalis*）一起潜入水下争相捕鱼
（Image Credit：pteros.com）

116. 翼龙有天敌吗？

当然有。自然界一切生物都是相生相克的，这样才能维持生态平衡。

一切强大的掠食动物都是翼龙的天敌。

翼龙在空中，除了翼龙之间的竞争和弱肉强食外，几乎没有天敌。因为同时代的其他飞行动物，无论是滑翔飞蜥，还是原始鸟类或昆虫，对翼龙来说，整体上还处于弱势，不构成太大的威胁，但在地面和海上，翼龙却有大量凶猛的天敌。其中包括各种掠食性的恐龙、鳄类、鱼龙、蛇颈龙、沧龙及鱼类等。如阿根廷晚侏罗世长约4m的鳄类安第达克龙（*Dakosaurus andiniensis*）（图212），以及欧洲晚侏罗世长达12m的巨上龙（*Pliosaurus macromerus*）（图213）等。

图212　安第达克龙与翼龙争夺一具大型海洋爬行动物的尸体，显然翼龙处于劣势
（Image Credit：wp.com）

图213　巨上龙突然跃出水面捕食低飞的翼手龙
（Image Credit：wp.com）

最直接的证据是发现于德国索伦霍芬的一件晚侏罗世化石标本,保存了一只喙嘴龙被一条剑鼻鱼(*Aspidorhynchus*)猎杀的场景(图214)。当时一只喙嘴龙捕食了一条薄鳞鱼(*Leptolepides*),刚咽到喉咙(图215),就遭到一条大个头的剑鼻鱼突然袭击,被咬住左翅膀(图216),双方殊死搏斗中,不知发生了什么情况,双双被碳酸盐泥浆掩埋,同归于尽,保存为精美的化石,定格了1亿5000万年前剑鼻鱼猎杀喙嘴龙的精彩瞬间。

图214　剑鼻鱼猎杀喙嘴龙的场景化石
（Image Credit：en.wikimedia.org）

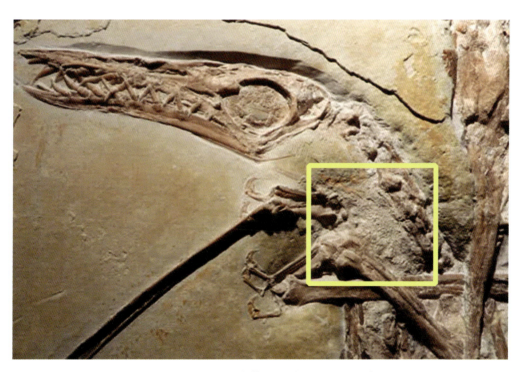

图215　喙嘴龙喉咙里有一条薄鳞鱼（黄色方框内），这条鱼没有
被消化的痕迹，说明是刚吞咽的，而不是反胃或反刍上来的
（Image Credit：haber3.com）

图216　喙嘴龙被剑鼻鱼咬住左翅膀
(Image Credit：haber3.com)

又如，发现于美国的晚白垩世大型长头无齿翼龙（*Pteranodon longiceps*）化石，颈椎处有1颗折断的曼特尔氏白垩尖鼻鲨（*Cretoxyrhina mantelli*）锋利的大牙齿卡在里面（图217）。显然这只翼龙在海面上低空盘旋捕食时，这条巨型鲨鱼突然跃出水面，一口咬住翼龙的脖子（图218），经殊死搏斗，翼龙挣脱逃走，因伤势过重，坠海死亡，后被沉积物埋藏，得以保存较完整的化石。

千姿百态的翼龙世界
翼龙科普知识百问

图217 这件长头无齿翼龙化石的颈椎里插进1颗折断的白垩尖鼻鲨牙齿
（红色箭头所指）
（Image Credit：en.wikimedia.org）

图218 一条巨大的白垩尖鼻鲨跃出水面，咬住一只低飞觅食的大型长头无齿翼龙
（Image Credit：sci-news.com）

117. 什么是化石特异埋藏地点？

化石特异埋藏地点（德文 Lagerstätte），是指某些生物群的栖息地点，因特殊原因，使这些生物群被细腻的沉积物快速掩埋封闭，避免了被氧化分解或被其他动物吃掉，最终形成精美的化石，甚至有的生物结构细节都得以保存。例如，德国巴伐利亚州索伦霍芬、中国燕辽地区及巴西阿拉里皮地区等化石埋藏地点。

其中，德国巴伐利亚州索伦霍芬在约1亿5000万年前的晚侏罗世，是一片滨海的浅水潟湖，湖中散布着低平的小岛，通常与大海几乎没有交流。生活着包括翼龙在内的各种动物，生长着各种植物（图219）。湖底长期沉积细腻的碳酸盐泥浆，含盐量也日益增大，湖底缺氧，除了一些耐盐或厌氧的微生物外，没有其他生物存活。所以一旦有动物意外落入湖里，或尸体被风暴、大潮或海啸等冲进潟湖，就会沉到湖底，被泥浆埋藏封闭，避免了被氧化分解或被其他动物吃掉。经漫长时间的成岩作用，碳酸盐泥浆沉积变成细腻的纹层灰岩，掩埋的生物遗骸变成各种精美的化石，甚至有的化石鸟类的羽毛和翼龙的皮膜翼等软组织结构都清晰可见。

图219　德国巴伐利亚州索伦霍芬约1亿5000万年前的滨海潟湖景观
(Image Credit：pteros.com)

中国燕辽地区在1亿6900万～1亿2000万年前的中侏罗世至早白垩世，散布着一些大小湖泊和活火山，生活着包括翼龙在内的各种动物，生长着各种植物（图220、图221、图222）。每当火山爆发，热浪和毒气弥漫，火山灰遮天蔽日，大批动物纷纷中毒或窒息死亡，被大量沉降的火山灰迅速掩埋封闭，避免了被氧化分解或被其他动物吃掉。经漫长时间的成岩作用，火山灰沉积变成沉凝灰岩，掩埋的生物遗骸变成各种精美的化石，甚至有的化石鸟类和恐龙的羽毛、鬃毛以及翼龙的皮膜翼等软组织结构都清晰可见。

巴西阿拉里皮地区在1亿零800万～9200万年前的早白垩世末至晚白垩世初，是一片滨海平原，分布着河流和潟湖，生活着包括翼龙在内的各种动物，生长着各种植物（图223）。每当海水随着风暴、大潮及海啸冲进潟湖，或雨季的洪水进入潟湖，都会夹带大量泥浆，造成大批生物死亡，它们的遗骸也被快速掩埋封闭，因此保存了许多较完好的化石。

图220　中国内蒙古南部宁城髫髻山1亿6900万～1亿2200万年前的湖泊景观
（Image Credit：pteros.com）

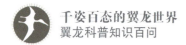

图221　中国辽宁省西部义县1亿2400万～1亿2200万年前的湖泊景观
（Image Credit：pteros.com）

图222　中国辽宁省西部朝阳市九佛堂1亿2000万年前的湖泊景观
（Image Credit：pteros.com）

图223　巴西阿拉里皮地区桑塔纳1亿零800万～9200万年前的滨海平原河流和潟湖景观
(Image Credit：pteros.com)

118. 盛极一时的翼龙是怎么绝灭的？

约6500万年前，地球上曾经盛极一时的翼龙和恐龙及各种中生代水生爬行动物一起，突然消失了。当时究竟发生了什么？科学家们一直在努力破解这个重大的谜团，根据天文学、地质学及生物学等研究，他们提出了各种各样的猜想，如：

(1) 超新星爆发引起地球气候强烈变化，温度骤然升高，而后又下降到很低。它们难以适应，最终绝灭。

(2) 地球发生大规模构造运动，大陆板块分裂漂移、碰撞，强烈造山，导致地理环境和气候剧变。它们适应不了，大批死亡，最后绝灭。

(3) 地球磁场发生倒转，造成一段时间地球完全没有磁场，臭氧层不能在地磁场作用下附着在地球上空，地球会暴露在宇宙射线、太阳粒子辐射下，对地球气候和生物产生致命影响，它们因此纷纷死亡，等等。

但这些猜想没有一个不是漏洞百出，证据不足。目前被科学界普遍接受的一个猜想是，小行星撞击地球导致翼龙、恐龙及中生代水生爬行动物绝灭。

这个论点是美国科学家路易斯·沃尔特·阿尔瓦雷茨（Luis Walter Alvarez）和沃尔特·阿尔瓦雷茨（Walter Alvarez）父子共同提出的（图224）。

图224　美国科学家路易斯·沃尔特·阿尔瓦雷茨和沃尔特·阿尔瓦雷茨父子
（Image Credit：en.wikimedia.org）

20世纪70年代，美国地质学家沃尔特·阿尔瓦雷茨，在意大利中部进行地质研究期间，发现白垩纪和古近纪沉积的岩石之间有一层薄薄的黏土层，是划分这两个时代岩石的界线（Cretaceous – Paleogene boundary，简称K – Pg bundary）。翼龙、恐龙及中生代水生爬行动物化石都分布在这个界线之下，而界线之上却从没见到过这些化石。这是为什么？看来答案就在这层黏土里。于是，他把这个想法告诉了他的父亲路易斯·沃尔特·阿尔瓦雷茨。

路易斯·沃尔特·阿尔瓦雷茨可是个了不起的科学家，他是美国加州大学伯克利分校物理学教授（图225）。因发展氢泡室技术和数据分析方法，独享1968年诺贝尔物理学奖。第二次世界大战期间，曾参加过美国研制原子弹的"曼哈顿计划"。1946年因发展"飞机在全天候和交通繁忙条件下安全着陆地面控制系统"的突出贡献，应邀去白宫接受美国总统杜

图225 美国加州大学伯克利分校物理学教授
路易斯·沃尔特·阿尔瓦雷茨
(Image Credit: en.wikimedia.org)

鲁门亲自颁发的科利尔奖(Collier Trophy)。

他对儿子的想法很支持,就找到劳伦斯·伯克利实验室的核化学家弗兰克·阿萨罗(Frank Asaro)和海伦·米彻尔(Helen Michel),运用中子活化分析技术研究这层黏土。发现其中含有碳化尘埃、微玻璃球粒、冲击石英晶体、微金刚石,以及只形成在高温高压条件下的稀有矿物。其中铱的含量竟是地球正常含量的200倍。

还能在哪里找到这么多的铱呢?在太空里。太空里的铱含量比地球高出约1000倍。也就是说,这层岩石里的铱,原先不是地球上的,是来自太空的。而冲击石英,则是天体撞击才会留下的标记。

从1980年开始,他们先后发表多篇论文,指出恐龙的绝灭很可能是天体撞击的结果。他们的结论,引起地质学界激烈的争论,受到不少人的质疑。1988年老阿尔瓦雷茨逝世,享年77岁。

1990年,随着希克苏鲁伯陨石坑(Chicxulub Crater)的发现,阿尔瓦雷茨父子的论点得到了强有力的证据支持。这个陨石坑,位于墨西哥的尤卡坦半岛希克苏鲁伯(Chicxulub)地区,埋藏在1100多米厚的灰岩下。陨石坑直径超过180km,横跨墨西哥湾近海和半岛陆地。早在20世纪70年代,地质学家在这里进行石油勘探时,根据重力异常和钻探显示的信息,发现地下隐伏着一个巨大的圆形构造。经过10多年的研究,确定是一个巨型陨石坑(图226、图227),并发现这个陨石坑也有一层薄薄的黏土层,测定年龄约6500万年,是白垩纪—古近纪界线。黏土层也含有铱及冲击石英等撞击的产物。

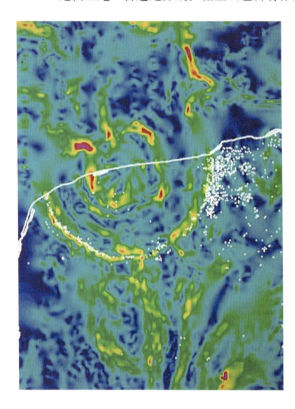

图226 尤卡坦半岛希克苏鲁伯地区重力异常图
（Image Credit：zmescience.com）
（可见一个直径超过180km的圆形撞击坑横跨墨西哥湾近海和半岛陆地）

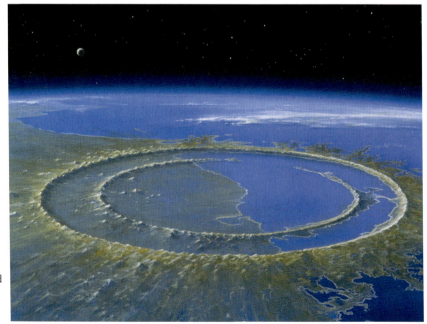

图227 尤卡坦半岛希克苏鲁伯撞击坑复原图
（Image Credit：npr.org）

随着世界各地的研究深入,发现的这套撞击产物也不约而同地出现在地球许多地方的白垩纪—古近纪界线层里,显然这是一次影响遍及全球的大撞击,撞击点就在墨西哥的尤卡坦半岛希克苏鲁伯市附近。

综合各方面的研究结果,一些科学家大致描绘出当时可能发生了什么:

约6500万年前,一颗直径约10km的小行星,以超过40倍音速的速度冲向地球(图228)。它的体积如此巨大,以至于当它撞上地球时,前端已碰到地面,而后端还在约10 000m高空,撞击释放的能量达100万亿吨TNT当量!相当于迄今为止人类制造的威力最大的核炸弹——苏联1961年试爆的5000万吨TNT当量"赫鲁晓夫氢弹"的200万倍(图229)。

图228 约6500万年前,一颗直径约10km的小行星,以超过40倍音速的速度冲向地球
(Image Credit:loadtv.biz)

图229 撞击释放的能量达100万亿吨TNT当量
(Image Credit:pics-about-space.com)

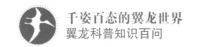

撞击的超高温使这颗小行星气化蒸发,还引发了浪高百米的大规模海啸,横扫整个墨西哥和大半个美国,一部分穿过墨西哥进入太平洋,一部分伸入美国内陆,然后再原路返回,浩浩荡荡,摧枯拉朽,所经之处生物很难存活。

撞击会击穿地壳,挖出约21 000km³的岩石和岩浆,混合成高温喷溅物飞上高空,而后再落下来,造成全球性的火风暴,还产生大量二氧化碳进入大气,在此后一个时期,形成强烈的温室效应,气温骤升,全球酷热。

巨大的撞击波可能引发世界各地的地震和火山爆发,形成连锁反应,进一步加剧灾难。

撞击还可能引起地球自转和公转特征的改变,导致太阳光照角度变化,全球气候发生巨变。

还造成大量尘埃升上12km高空,进入平流层。因平流层不会降雨,这些尘埃会弥漫在那里长达10年以上,长时期遮蔽阳光,地表气温急剧下降,进入漫长黑暗的严寒时期,即"核冬天"。植物也因光合作用受阻,大面积枯萎。

由于撞击点位于富含石膏的岩层,大量石膏硫化物被抛上天空,造成此后一段时期硫酸雨盛行,也促进了生物的大批死亡。

在这一连串酷热和严寒剧烈变化的大灾难中,翼龙、恐龙及中生代水生爬行动物无法适应如此恶劣的环境巨变,纷纷灭亡,中生代生态系统瓦解,白垩纪到此结束。

119. 小行星撞击地球的概率有多大?如果真的要撞过来怎么办?

小行星是太阳系形成时产生的副产品(图230),在此后46亿年以来,一些靠近地球的小行星(即近地小行星)及其碎片不断光临地球。地球由于有大气层的保护,它们中的绝大多数在落地前就被与大气摩擦产生的高温烧掉了。目前地球上发现的陨石坑并不多,较大的有140多个,但这并不能说明,在地球历史上,只有这么多天体撞击,因为漫长的地质作用可能已经把绝大多数撞击痕迹抹去了。

近地小行星与地球之间距离有750km警戒线,当近地小行星越过这个警戒线,就可能撞向地球。据统计,直径大于1km的小行星撞击地球的概率为约100万年发生1次;直径大于2km的小行星撞击地球的概率为约300万年发生1次。直径大于6km的小行星撞击地球的概率要上亿年发生1次。根据美国国家航空和航天局(NASA)在太阳系内的追踪监视,在已发现的12 992颗近地天体中,有1607颗被列为潜在威胁天体。

图230 小行星是太阳系形成时产生的副产品
（Image Credit：about-space.com）

有科学家推测,6500万年前一颗直径约10km的小行星撞击地球事件,导致了统治地球1亿6500万年之久的恐龙绝灭。那么,如果这样的撞击事件再次重演,人类该如何应对呢？

据科学家测算,只有直径超过140m的近地小行星,才会对地球构成威胁。目前,世界各地已建立了一些专门的观测站,密切跟踪监视一切存在危险的天体(图231)。美国、俄罗斯及中国研制的航天武器系统,必要时也可对威胁地球安全的小行星或其他天体实施拦截。例如,2007年1月11日中国发射"开拓者-1A"反卫星武器运载火箭,摧毁了863km高度轨道上已经退役的"风云-1C"气象卫星(图232)。将来也可从在轨的空间站派出飞船,运送航天员和装备器材,提前登上对地球构成威胁的天体,安置爆破装置摧毁之。这种空间站相当于1艘"航天母舰",可携带多种类型的飞船,执行不同的任务。目前,中国正在进行的空间站计划进展顺利:2021年4月29日11时23分,中国海南文昌航天发射场,用"长征-5B遥2"运载火箭发射空间站"天和"核心舱。当晚20时55分,又发射"天舟-2"货运飞船,运载航天员生活物资、舱外航天服及空间站平台设备、应用载荷和推进剂等前往"天和"核心舱。5月30日5时01分,"天舟-2"与"天和"对接,转入组合飞行。6月17日9时22分,中国酒泉卫星发射中心,用"长征-2F遥12"运载火箭,发射"神舟-12"载人飞船,运送聂海胜、刘伯明及杨洪波3名航天员前往"天和"核心舱。15时54分,"神舟-12"与"天和"核心舱对接,构成3舱组合体(图233)。18时48分,3名航天员先后进入"天和"

核心舱。7月4日14时57分,经7小时出舱作业,航天员乘员组在机械臂支持下,按计划圆满完成舱外设备安装和维修保养等任务,并安全返回核心舱。

图231　美国发展的全景巡天望远镜和快速反应系统(Panoramic Survey Telescope And Rapid Response System,缩写 Pan-STARRS,中国翻译成"泛星计划"),可全时段、全方位搜索跟踪可能会撞击地球的近地天体
（Image Credit：hawaii.edu）

图232　中国2007年1月11日发射"开拓者－1A"反卫星武器运载火箭,摧毁了863km高度轨道上已经退役的"风云－1C"气象卫星
（Image Credit：news.cn）

图233　2021年4月29日以来,中国航天站计划正在顺利进行,为将来发展保护地球的"航天母舰"打下了坚实的基础
(Image Credit：collectspace.com)

120. 翼龙能通过克隆再次复活吗？

以人类现有的科学技术手段还无法实现,将来是否能实现,还很难说。

理论上说,只要获得一个物种的一个细胞或含有它全部遗传物质的任何部分都可以实现克隆。基本过程是：先将一个动物含有遗传物质细胞的核移植到去除了细胞核的卵细胞中,用微电流刺激等方法,使两者融合,然后促使这一新细胞分裂繁殖成胚胎,待发育到一定程度,再植入另一个动物的子宫,使这个动物怀孕,就可产下与提供细胞的动物基因相同的动物。

但问题是,翼龙早已绝灭,留下的只有化石,其中最古老的有2亿2800万年,最年轻的也有6500万年,在如此漫长的时间里,历经了各种地质作用的改造,不可能还保存活的遗传物质。另外,现代也不存在与它们亲缘关系接近的动物,它们的各种性状特征遗传密码,我们无从知晓。实际上,克隆翼龙的难度远大于克隆恐龙。因为恐龙的一些性状特征仍保留在与它们亲缘关系接近的现代鸟类身上,因此有可能通过克隆,人工培育出嘴里长牙齿、身后长尾巴的鸟。虽然这只是一种复古的鸟类,不是真正的恐龙,但或多或少已经

接近恐龙。而克隆翼龙,至今仍不知从哪里下手。

还有一个更严重的问题,是否应该克隆已绝灭的生物,在科学界一直争议很大。因为克隆的生物不是自然演化的结果,有可能破坏生态的平衡,带来难以估量的灾难性后果。

结束语

关于翼龙的问题还有很多很多,我们就是不断地提出问题,再通过科学研究、分析、推理和实验来解决问题,从中获得科学知识。伟大的英国哲学家弗朗西斯·培根(Sir Francis Bacon)说过:"知识就是力量(knowledge is power)"。我们通过研究翼龙,探讨它们兴衰的深层次原因,从中获得保护自然环境、维持生态平衡的启迪,并采取相应的对策,增强人类适应大自然变化的能力。为此,人类对大自然的探索将永无止尽,对翼龙的研究还将继续深入下去。

主要参考文献

ADAMSKY V, SMIRNOV Y, 1994. Moscow's Biggest Bomb: the 50 - Megaton Test of October 1961 [J]. Cold War International History Project Bulletin(4): 3, 19 - 21.

ALVAREZ L W, ALVAREZ W, ASARO F, et al, 1980. Extraterrestrial cause for the Cretaceous - Tertiary extinction [J]. Science, 208(4448): 1095 - 1108.

ALVAREZ L W, 1987. Mass extinctions caused by large bolide impacts [J]. Physics Today, 40: 24 - 33.

ANDRES B, CLARK J M, XU X, 2010. A new rhamphorhynchid pterosaur from the Upper Jurassic of Xinjiang, China, and the phylogenetic relationships of basal pterosaurs [J]. Journal of Vertebrate Paleontology, 30(1): 163 - 187.

ANDRES B, CLARK J M, XU X, 2014. The Earliest Pterodactyloid and the Origin of the Group [J]. Current Biology, 24(9): 1011 - 1016.

BARRETT P M, BUTLER R J, EDWARDS N P, et al, 2008. Pterosaur distribution in time and space: an atlas [J]. Zitteliana, 28: 61 - 107.

BENNETT S C, 2001. The osteology and functional morphology of the Late Cretaceous pterosaur *Pteranodon*. Part Ⅱ. Functional morphology[J]. Palaeontographica, Abteilung A, 260: 113 - 153.

BENNETT S C, 2002. Soft tissue preservation of the cranial crest of the pterosaur Germanodactylusfrom Solnhofen [J]. Journal of Vertebrate Paleontology, 22(1): 43 - 48.

BENNETT S C, 2003. New crested specimens of the Late Cretaceous pterosaur *Nyctosaurus* [J]. Paläontologische Zeitschrift, 77: 61 - 75.

BENNETT S C, 2004. New information on the pterosaur *Scaphognathus crassirostris* and the pterosaurian cervical series [J]. Journal of Vertebrate Paleontology, 24 (3, Supplement): 38A.

BENNETT S C, 2007. Articulation and function of the pteroid bone of pterosaurs [J]. Journal of Vertebrate Paleontology, 27(4): 881 - 891.

BENNETT S C, 2013. New information on body size and cranial display structures of *Pterodactylus antiquus*, with a revision of the genus [J]. Paläontologische Zeitschrift, 87(2): 269 - 289.

BONAPARTE J F, 1970. *Pterodaustro guinazui* gen. et sp. nov. Pterosaurio de la Formacion Lagarcito, Provincia de San Luis, Argentina y su significado en la geologia regional (Pterodactylidae) [J]. Acta Geologica Lilloana, 10: 209 - 225.

BRITT B B, DALLA VECCHIA F M, CHURE D J, et al, 2018. *Caelestiventus hanseni* gen. et sp. nov. extends the desert – dwelling pterosaur record back 65 million years [J]. Nature Ecology & Evolution, 2(9): 1386 – 1392.

BULANOV V V, SENNIKOV A G, 2015. New data on the morphology of the Late Permian gliding reptile *Coelurosauravus elivensis* Piveteau [J]. Paleontological Journal, 49(4): 413 – 423.

CABREIRA S F, KELLNER A W A, DIAS – DA – SILVA S, et al, 2016. A Unique Late Triassic Dinosauromorph Assemblage Reveals Dinosaur Ancestral Anatomy and Diet [J]. Current Biology, 26(22): 3090 – 3095.

CAI Z, WEI F, 1994. Zhejiangopterus linhaiensis(Pterosauria) from the Upper Cretaceous of Linhai, Zhejiang, China [J]. Vertebrata PalAsiatica, 32(3): 181 – 194.

CARPENTER K, UNWIN D M, CLOWARD K, et al, 2003. A new scaphognathine pterosaur from the Upper Jurassic Formation of Wyoming, USA [J] //Buffetaut E, Mazin J M, (eds.) Evolution and Palaeobiology of Pterosaurs. Geological Society of London, Special Publications, 217: 45 – 54.

CHEN H, JIANG S, KELLNER A W A, et al, 2020. New anatomical information on *Dsungaripterus weii* Young, 1964 with focus on the palatal region [J]. Peer J. 8: e8741. doi: 10.7717/peerj.8741.

COLBERT E H, 1966. A gliding reptile from the Triassic of New Jersey [J]. American Museum Novitates, 2246(3282): 1 – 23.

COLBERT E H, 1967. Adaptations for Gliding in the Lizard *Draco* [J]. American Museum Novitates, 2283: 1 – 20.

COWEN R, 1981. Homonyms of Podopteryx [J]. Journal of Paleontology, 55(2): 483.

D'ALBA L, 2019. Palaeontology: pterosaur plumage [J]. Nature Ecology and Evolution, 3: 12 – 13.

DALLA VECCHIA F M, 2009. Anatomy and systematics of the pterosaur Carniadactylus (gen. n.) rosenfeldi(Dalla Vecchia, 1995) [J]. Rivista Italiana de Paleontologia e Stratigrafia, 115(2): 159 – 188.

DALLA VECCHIA F M, 2019. *Seazzadactylus venieri* gen. et sp. nov, a new pterosaur (Diapsida: Pterosauria) from the Upper Triassic (Norian) of northeastern Italy [J]. Peer J. 7: e7363. doi: 10.7717/peerj.7363.

DALLA VECCHIA F M, WILD R, HOPF H, et al, 2002. A crested rhamphorhynchid pterosaur from the Late Triassic of Austria [J]. Journal of Vertebrate Paleontology, 22(1):196 – 199.

DODERLEIN L, 1923. *Anurognathus ammoni* ein neuer Flugsaurier. Sitzungsberichte der Bayerischen Akademie der Wissenschaften [J]. Mathematisch – Naturwissenschaftliche Klasse: 117 – 164.

DUDLEY R, 1998. Atmospheric oxygen, giant Paleozoic insects and the evolution of aerial locomotion performance [J]. The Journal of Experimental Biology, 201(8): 1043-1050.

ELGIN R A, HONE D W E, FREY E, 2011. The extent of the pterosaur flight membrane [J]. Acta Palaeontologica Polonica, 56(1): 99-111.

EVANS S E, HAUBOLD H, 1987. A review of the Upper Permian genera *Coelurosauravus*, *Weigeltisaurus* and *Gracilisaurus* (Reptilia: Diapsida) [J]. Zoological Journal of the Linnean Society, 90(3): 275-303.

FRASER N C, OLSEN P E, DOOLEY JR C, et al, 2007. A new gliding tetrapod (Diapsida: ? Archosauromorpha) from the upper Triassic (Carnian) of Virginia [J]. Journal of Verte brate Paleontology, 27(2): 261-265.

FREY E, TISCHLINGER H, 2012. The Late Jurassic Pterosaur *Rhamphorhynchus*, a Frequent Victim of the Ganoid Fish *Aspidorhynchus*? [J]. PLoS ONE, 7(3): e31945. doi: 10.1371/journal. pone. 0031945.

FRÖBISCH N B, FRÖBISCH J, 2006. A new basal pterosaur genus from the upper Triassic of the Northern Calcareous Alps of Switzerland [J]. Palaeontology, 49(5): 1081-1090.

GASPARINI Z, FERNÁNDEZ M, DE LA FUENTE M, 2004. A new pterosaur from the Jurassic of Cuba. Palaeontology, 47(4): 919-927.

HE X, YANG D, SU C, 1983. A New Pterosaur from the Middle Jurassic of Dashanpu, Zigong, Sichuan [J]. Journal of the Chengdu College of Geology. supplement, 1: 27-33.

HONE D W E, RATCLIFFE J M, RISKIN D K, et al, 2021. Unique near isometric ontogeny in the pterosaur *Rhamphorhynchus* suggests hatchlings could fly [J]. Lethaia, 54(1): 106-112.

HONE D W E, TISCHLINGER H, FREY E, et al, 2012. A New Non-Pterodactyloid Pterosaur from the Late Jurassic of Southern Germany [J]. PLoS ONE. 7(7): e39312. doi: 10.1371/journal.pone.0039312.

HONE D W E, WITTON M P, HABIB M B, 2018. Evidence for the Cretaceous shark *Cretoxyrhina mantelli* feeding on the Pterosaur *Pteranodon* from the Niobrara Formation [J]. PeerJ 6(12): e6031. doi: 10.7717/peerj.6031.

IBRAHIM N, UNWIN D M, MARTILL D M, et al, 2010. A New Pterosaur (Pterodactyloidea: Azhdarchidae) from the Upper Cretaceous of Morocco [J]. PLoS ONE, 5(5): e10875. doi: 10.1371/journal.pone.0010875.

IRMIS R B, NESBITT S J, PADIAN K, et al, 2007. A Late Triassic dinosauromorph assem blage from New Mexico and the rise of dinosaurs [J]. Science, 317(5836): 358-361.

JENKINS F A JR, SHUBIN N H, GATESY S M, et al, 2001. A diminutive pterosaur (Pterosauria: Eudimorphodontidae) from the Greenlandic Triassic [J]. Bulletin of the Museum of Comparative Zoology, Harvard University, 155: 487-506.

JI S, JI Q, 1998. A new fossil pterosaur (Rhamphorhynchoidea) from Liaoning, *Dendrorhynchus curvidentatus*, gen. et sp. nov [J]. Jiangsu Geology, 22(4): 199-206.

JI S, JI Q, PADIAN K, 1999. Biostratigraphy of new pterosaurs from China [J]. Nature, 398: 573-574.

KAMMERER C F, NESBITT S J, FLYNN J J, et al, 2020. A tiny ornithodiran archosaur from the Triassic of Madagascar and the role of miniaturization in dinosaur and pterosaur ancestry [C]. Proceedings of the National Academy of Sciences, 117(30): 17932-17936.

KELLNER A W A, 2010. Comments on the Pteranodontidae (Pterosauria, Pterodactyloidea) with the description of two new species [J]. Anais da Academia Brasileira de Ciências, 82(4): 1063-1084.

KELLNER A W A, 2013. A new unusual tapejarid (Pterosauria, Pterodactyloidea) from the Early Cretaceous Romualdo Formation, Araripe Basin, Brazil [J]. Earth and Environmental Science Transactions of the Royal Society of Edinburgh. 103 (3-4): 1. doi: 10.1017/S1755691013000327.

KELLNER A W A, 2015. Comments on Triassic pterosaurs with discussion about ontogeny and description of new taxa [J]. Anais da Academia Brasileira de Ciências, 87(2): 669-689.

KELLNER A W A, CAMPOS D A, 1988. Sobre un novo pterossauro com crista sagital da Bacia do Araripe, Cretaceo Inferior do Nordeste do Brasil. (Pterosauria, Tupuxuara, Cretaceo, Brasil) [J]. Anais da Academia Brasileira de Ciências, 60: 459-469.

KELLNER A W A, CALDWELL M W, HOLGADO B, et al, 2019. First complete pterosaur from the Afro-Arabian continent: insight into pterodactyloid diversity [J]. Scientific Reports. 9(1): 17875. doi: 10.1038/s41598-019-54042-z.

KELLNER A W A, CAMPOS D A, 2002. The function of the cranial crest and jaws of a unique pterosaur from the early Cretaceous of Brazil [J]. Science, 297(5580): 389-392.

KELLNER A W A, CAMPOS D A, SAYÃO J M, et al, 2013. The largest flying reptile from Gondwana: A new specimen of *Tropeognathus* cf. *T. mesembrinus* Wellnhofer, 1987 (Pterodactyloidea, Anhangueridae) and other large pterosaurs from the Romualdo Formation, Lower Cretaceous, Brazil [J]. Anais da Academia Brasileira de Ciências, 85(1): 113-135.

LEONARDI G, BORGOMANERO G, 1985. *Cearadactylus atrox* nov. gen, nov. sp.: novo Pterosauria(Pterodactyloidea) da Chapada do Araripe, Ceara, Brasil. Resumos dos communicaçoes Ⅷ Congresso bras [J]. de Paleontologia e Stratigrafia, 27: 75-80.

LI P, GAO K, HOU L, 2007. A gliding lizard from the Early Cretaceous of China [C]. Proceedings of the National Academy of Sciences of the United States of America, 104(13): 5507-5509.

LI Y, WANG X, JIANG S, 2021. A new pterosaur tracksite from the Lower Cretaceous of Wuerho, Junggar Basin, China: inferring the first putative pterosaur trackmaker [J]. PeerJ 9: e11361. doi: 10.7717/peerj.11361

LÜ J, HONE D W E, 2012. A New Chinese Anurognathid Pterosaur and the Evolution of Pterosaurian Tail Lengths [J]. Acta Geologica Sinica, 86(6): 1317-1325.

LÜ J, UNWIN D M, DEEMING C D, 2011. An egg-adult association, gender, and reproduction in pterosaurs [C]. Science. 331(6105): 321-324.

LÜ J, UNWIN D M, JIN X, et al, 2010. Evidence for modular evolution in a long-tailed pterosaur with a pterodactyloid skull [C]. Proceedings of the Royal Society B. 277 (1680): 383-389.

MANZIG P C, KELLNER A W A, WEINSCHÜTZ L C, et al, 2014. Discovery of a Rare Pterosaur Bone Bed in a Cretaceous Desert with Insights on Ontogeny and Behavior of Flying Reptiles [J]. PLoS ONE. 9(8): e100005. doi: 10.1371/journal.pone.0100005.

MARTILL D M, ETCHES S, 2013. A new monofenestratan pterosaur from the Kimmeridge Clay Formation(Upper Jurassic, Kimmeridgian) of Dorset, England [J]. Acta Palaeontologica Polonica, 58(2): 285-294.

MCGUIRE J A, DUDLEY R, 2011. The biology of gliding in flying lizards (genus *Draco*) and their fossil and extant analogs [J]. Integrative and Comparative Biology, 51(6): 983-990.

MILLER H W, 1972. The taxonomy of the *Pteranodon* species from Kansas [J]. Transactions of the Kansas Academy of Science, 74: 1-19.

NESOV L A, 1984. Upper Cretaceous pterosaurs and birds from Central Asia [J]. Paleontologicheskii Zhurnal(1): 47-57.

O'SULLIVAN M, MARTILL D M, 2015. Evidence for the presence of *Rhamphorhynchus* (Pterosauria: Rhamphorhynchinae) in the Kimmeridge Clay of the UK [C]. Proceedings of the Geologists' Association. 126(3): 390-401.

PADIAN K, 2008. The early Jurassic pterosaur *Dorygnathus banthensis* (Theodori, 1830) [J]. Speical Papers in Palaeontology, 80: 1-107.

PINHEIRO F L, FORTIER D C, SCHULTZ C L, et al, 2011. New information on *Tupandactylus imperator*, with comments on the relationships of Tapejaridae (Pterosauria) [J]. Acta Palaeontologica Polonica, 56(3): 567-580.

ROBINSON P L, 1962. Gliding lizards from the Upper Keuper of Great Britain [C]. Proceedings of the Geological Society of London, 1601: 137-146.

ROMER A S, 1972. The Chañares (Argentina) Triassic reptile fauna. X V [J]. Further remains of the thecodonts *Lagerpeton* and *Lagosuchus*. Breviora, 394: 1-7.

RYABININ A N, 1948. Remarks on a flying reptile from the Jurassic of the Kara-Tau [J]. Akademia Nauk, Paleontological Institute, Trudy, 15(1): 86-93.

SHAROV A G, 1971. New flying reptiles from the Mesozoic of Kazakhstan and Kirghizia [J]. Transactions of the Paleontological Institute [J]. Akademia Nauk, USSR, Moscow, 130(1): 104-113.

STECHER R 2008. A new Triassic pterosaur from Switzerland (Central Austroalpine, Grisons), *Raeticodactylus filisurensis* gen. et sp. nov [J]. Swiss Journal of Geosciences, 101(1): 185-201.

STEEL L, MARTILL D M, UNWIN D M, et al, 2005. A new pterodactyloid pterosaur from the Wessex Formation (Lower Cretaceous) of the Isle of Wight, England [J]. Cretaceous Research, 26: 686-698.

UNWIN D M, BAKHURINA N N, 1994. *Sordes pilosus* and the nature of the pterosaur flight apparatus [J]. Nature, 371(6492): 62-64.

UPCHURCH P, ANDRES B B, BUTLER R J, et al, 2015. An analysis of pterosaurian biogeography: implications for the evolutionary history and fossil record quality of the first flying vertebrates [J]. Historical Biology, 27(6): 697-717.

VIDOVIC S U, MARTILL D M, 2018. The taxonomy and phylogeny of *Diopecephalus kochi* (Wagner, 1837) and "*Germanodactylus rhamphastinus*" (Wagner, 1851) [J]. Geological Society, London, Special Publications, 455(1): 125-147.

WANG X, KELLNER A W A, JIANG S, 2009. An unusual long-tailed pterosaur with elongated neck from western Liaoning of China [J]. Anais da Academia Brasileira de Ciencias, 81(4): 793-812.

WANG X, KELLNER A W A, ZHOU Z. et al, 2008. Discovery of a rare arboreal forest-dwelling flying reptile (Pterosauria, Pterodactyloidea) from China [C]. Proceedings of the National Academy of Sciences, 106(6): 1983-1987.

WANG X, JIANG S, ZHANG J. et al, 2017. New evidence from China for the nature of the pterosaur evolutionary transition [J]. Scientific Reports, 7(1): 42763. doi: 10.1038/srep42763.

WANG X, KELLNER A W A, JIANG S, et al, 2012. New toothed flying reptile from Asia: close similarities between early Cretaceous pterosaur faunas from China and Brazil [J]. The natural sciences, 99(4): 249-257.